DER WILDKRÄUTER SAMMLER

Titel der Originalausgabe: *Cueilleur urbain – À la découverte des plantes sauvages et comestibles dans la ville*
Erschienen bei Arthaud, einem Imprint von Flammarion, 2017
Copyright © 2017 Flammarion
Konzept und grafische Umsetzung: Karin Doering-Froger

Deutsche Erstausgabe
Copyright © 2020 von dem Knesebeck GmbH & Co. Verlag KG, München
Ein Unternehmen der La Martinière Groupe

Projektleitung: Veronika Brandt, Knesebeck Verlag
Übersetzung: Claudia Arlinghaus, Münster
Lektorat: Eik Welker, Münster
Umschlaggestaltung: Fabian Arnet, Knesebeck Verlag
Satz und Herstellung: Arnold & Domnick, Leipzig
Druck: DZS Grafik, d.o.o.
Printed in Slovenia

ISBN 978-3-95728-373-3

www.knesebeck-verlag.de

CHRISTOPHE DE HODY

Illustrationen von Julie Terrazzoni

In Zusammenarbeit mit Jean-Christophe Quenon

DER WILD- KRÄUTER SAMM- LER

Essbare Pflanzen am Wegesrand

Übersetzt von Claudia Arlinghaus

KNESEBECK

INHALT

Vorwort

Es ist noch kühl an diesem Septembermorgen. Gleich treffe ich mich mit den Teilnehmern der Gruppe, die mich heute begleiten wird. Ich halte kurz inne, um einen wärmenden Schluck von meinem Schafgarbentee zu nehmen, und genieße die ersten Sonnenstrahlen. Die Natur um mich herum schafft es immer wieder, mich zu faszinieren. Im Geiste gehe ich noch einmal die Pflanzen durch, die wir heute suchen wollen. Ich weiß, dass wir im Parc des Buttes-Chaumont im 19. Arrondissement von Paris zu dieser Jahreszeit Wilde Möhre und Gefleckten Schierling Seite an Seite finden werden.

Trotz der morgendlichen Stunde sind die Teilnehmer putzmunter. Wir stärken uns mit etwas Kräutertee, um uns dann unverzüglich auf die Suche nach unseren wilden Schätzen zu begeben.

»Das ist aber kein Schierling, oder?«, fragt mich einer aus der Gruppe zweifelnd. Auch wenn wirklich giftige Pflanzen in unseren Breitengraden selten sind – etwa zwanzig Arten gibt es doch. Und daher lautet eine feste Regel: Niemals ein Wildkraut sammeln und essen, bei dem man sich nicht zu hundert Prozent sicher ist, worum es sich handelt und ob es genießbar ist!

Seit jeher müssen sich Pflanzen an ihre Umgebung anpassen und schützen. Dazu besitzen sie ein auf Nähr- und Wirkstoffen basierendes Abwehrsystem, auf dem zugleich ihre oftmals heilende Wirkung beruht. In Verbindung mit einer gesunden, abwechslungsreichen Ernährung können wilde Kräuter daher eine wichtige Rolle für unser Wohlergehen spielen. »Lass die Nahrung deine Medizin sein«, sagte bereits Hippokrates. Unsere Wildkräuter sind nämlich reich an

Nährstoffen, darunter verschiedene Fettsäuren, Kohlenhydrate, Vitamine, Mineralstoffe und Spurenelemente, die für unsere Gesundheit unverzichtbar sind. Staunend und voller Begeisterung verbringt die Gruppe den Tag mit der Entdeckung von Nahrungs- und Heilmitteln, an denen wir tagtäglich vorbeilaufen. Was für diese Leute bisher uninteressante Kräuter, ja oft sogar »Unkräuter« waren, verwandelt sich auf einmal in eine wertvolle, schmackhafte natürliche Ressource, die nur darauf wartet, gepflückt zu werden. Für uns alle ist dieser neue Blick auf unsere Ernährung, unsere veränderte Beziehung zur Natur und der sorgfältige Umgang mit ihr eine echte Bereicherung.

Durch überlegtes Sammeln können wir Wildpflanzen in unsere Ernährung integrieren, ohne sie in ihrer Entwicklung zu behindern und ohne das Ökosystem zu stören, in dem sie zu Hause sind. Die deutliche Mehrzahl der Wildpflanzen, ob essbar oder mit heilender Wirkung, ist weit und zahlreich verbreitet. Wer sie sammelt und verwendet, fördert zugleich das Prinzip der kurzen Versorgungswege! Und dies bringt mich direkt zu einem zweiten Punkt: Ernten Sie nur von den kräftigsten Pflanzen (vor allem wenn Sie Wurzeln entnehmen), pflücken Sie nur jene Pflanzenteile, die Sie benötigen, und ernten Sie nie mehr als ein Drittel des Bestands. Auf diese Weise beeinträchtigen Sie weder den Lebenszyklus der Pflanzen noch das Ökosystem. Sammeln Sie außerdem keine seltenen, isoliert oder in geringer Zahl stehenden Pflanzen, die Sie in besonderen Lebensräumen wie beispielsweise Mooren antreffen. Anders ausgedrückt: Stellen Sie sicher, dass Sie auch in Zukunft ernten können!

Auf einem brachliegenden Grundstück, das auf Bebauung wartet, streckt einer der Teilnehmer meiner Gruppe die Hand nach dem attraktiven Laub einer

Klette aus, die uns schöne Augen macht – und ich rate ihm ab. Zum einen gilt für zweijährige Pflanzen (also Pflanzen, die im Frühjahr ihres zweiten und zugleich letzten Lebensjahres Blüten treiben und fruchten), dass ihre Wurzeln nur im Herbst des ersten Jahres, allerspätestens bis zum nächsten Frühjahr vor Erscheinen des Blütentriebs verwertbar sind. Vor allem aber sind nicht nur die Böden städtischer Brachen häufig verseucht, sondern oft auch die darauf wachsenden Pflanzen.

Von solchen Momenten, in denen ich meine Begeisterung mit anderen teilen kann, werde ich nie genug bekommen. Welch ein Glück, dass ich auf diese Weise tätig sein darf – in enger Berührung mit der Natur und zugleich in der Begegnung mit sympathischen Naturliebhabern. Ich liebe es, Menschen mit all ihren Sinnen in Kontakt mit der Pflanzenwelt zu bringen. Der tatsächlichen Ernte geht so viel voraus: eingehendes Betrachten, Berühren, Schnuppern und schließlich – wenn man überzeugt ist, dass das Wildkraut essbar und seine Umgebung vertrauenswürdig ist – ein vorsichtiges Probieren.

Der Tag neigt sich dem Ende. Bevor wir uns voneinander verabschieden, teilen wir ein Kräuterbrot mit Nelkenwurz, das eine der Teilnehmerinnen uns mitgebracht hat. Noch einmal stellen wir fest, wie froh wir doch sein können, dass wir lediglich die Hand ausstrecken müssen, um Essbares zu finden. Dann gehen wir auseinander, jeder mit neuen Rezeptideen im Kopf und in dem Wissen, dass die unterwegs angetroffenen Pflanzen nicht nur reichlich wachsen, sondern nach dem Sammeln ebenso reichlich wieder austreiben werden. Nun also, Ihnen allen eine gute Ernte und danke, liebe Natur, für deine Schätze!

Nützliche Hinweise

Sammelutensilien: Messer, Gartenschere, Stoffbeutel, Handsäge für Äste, Klappspaten für tief reichende Wurzeln.

Vor dem Verzehr

Je nach Fundort und Frequentierung (durch Menschen wie durch Tiere) ist mehr oder weniger gründliches Waschen der Ernte angesagt, sofern Sie diese roh verzehren möchten. Hierfür eignet sich beispielsweise das Einlegen in Essigwasser (mit etwa $\frac{1}{9}$ Essiganteil). Ist das Areal stärker frequentiert, können Sie dem Essigwasser zusätzlich einige Tropfen einer Mischung aus reinem Alkohol mit 5 % Oregano-Öl zugeben. Danach die Kräuter gut abspülen. Lassen Sie sie nicht zu lange einweichen, um nicht zu viele Vitamine zu verlieren.

Die Eier von Parasiten wie Hundebandwurm und Leberegel lassen sich nur durch Kochen abtöten. Wenn es auch höchst selten vorkommt, dass ein Mensch sich mit solchen Parasiten infiziert (meistens betrifft es dabei Personen mit engem Kontakt zu Tieren), sollte man sich über Risikogebiete informieren. Zugleich sollte man sich darüber im Klaren sein, dass nirgends das Risiko gleich null ist – selbst bei gekauftem Gemüse nicht!

Guten Appetit!

Bevor ich für eine neue Pflanze Rezepte entwickle, probiere ich sie auf vier verschiedene Weisen: roh, als Pesto, in Fett gedünstet und blanchiert. Manche Pflanzen sind meiner Meinung nach in jeglicher Zubereitungsform ausgezeichnet. Dazu zählen Brennnessel (*Urtica dioica*), Bärenklau (*Heracleum sphondylium)*, Giersch *(Aegopodium podagraria)* und Bärlauch *(Allium ursinum)*. Andere wiederum sind entweder roh oder aber gekocht besser. Interessant ist es auch, Rohes und Gekochtes zu mischen, um eine breitere Palette unterschiedlicher Nuancen und Nährstoffe zu erhalten. Wildgemüse bietet eine große Geschmacksvielfalt und unterschiedliche Pflanzenteile warten mit ihren jeweils eigenen Besonderheiten auf.

Bezüglich der Heilmittel, die sich aus Wildpflanzen gewinnen lassen, ist es wichtig zu beachten, dass es sich bei all diesen Wirkstoffen um chemische Verbindungen handelt. Sie zu extrahieren und zu konservieren will gelernt sein. Man kann sie traditionell als Teeaufguss zubereiten, aber auch alkoholische Auszüge, allen voran Tinkturen, sowie Öl- und Essigauszüge mit ihnen herstellen. Diese sogenannten Drogenextrakte lassen sich wiederum beim Mischen von Salben verwenden. Glauben Sie mir, es ist gar nicht so kompliziert: Sie brauchen lediglich ein wenig Zeit und Geduld, um sich mit diesen ebenso fesselnden wie wohltuenden Dingen auseinanderzusetzen. Sie werden dabei ganz von selbst eine gewisse Eigenverantwortlichkeit für Ihre Gesundheit zurückgewinnen.

Haltbar machen

Wer seine Ernte haltbar machen möchte, um das ganze Jahr darauf zugreifen zu können, ist mit Trocknen gut beraten. Die getrockneten Kräuter lassen sich später fein zerreiben oder zermörsern, um das Pulver unter Mehl, Suppen oder Pestos zu geben. Einfrieren, das Einlegen in Essig (wie bei Kapern) sowie die Haltbarmachung durch Milchsäuregärung sind weitere Möglichkeiten.

Um die geernteten Pflanzenteile frisch zu halten, genügt es, sie nach dem Reinigen in ein feuchtes Tuch einzuschlagen und dann in eine Plastiktüte zu stecken. So lassen sie sich bis zu einer Woche im Kühlschrank aufbewahren.

Gemeine Schafgarbe

Achillea millefolium

KORBBLÜTENGEWÄCHSE
(ASTERACEAE)

Kalender

Erntezeit:
Juni–Oktober
Blütezeit:
Juni–Oktober

Vorkommen

Auf kalkreichen, mäßig nährstoffhaltigen
Böden, auf Wiesen und am Wegrand; in den
Alpen bis in Höhen über 2000 m zu finden.

Beschreibung

Mehrjährige Staude, behaart, 20–100 cm
hoch, stark zerteiltes Laub, blüht auf auf-
rechten, festen Stängeln, verbreitet sich
über die Wurzeln; aus zahlreichen kleinen
weißen Blütenständen zusammengesetzte
Schirmrispe; die Einzelblüten erinnern an
winzige Margeritenblüten.

Eigenschaften

Blütenstand: Antimikrobiell, entzündungshemmend, krampflösend,
blutstillend, leberschützend, verdauungsfördernd; wirkt gegen Menstruationsbeschwerden.

Gegenanzeigen

Nicht empfohlen für Kinder unter
12 Monaten; nicht empfohlen bei
Schwangerschaft; auf keinen Fall zu
verwenden bei gleichzeitiger Anwendung
von Blutverdünnern, da es zu Wechsel-
wirkungen kommen kann.

Die Gemeine Schafgarbe trägt im Volksmund viele weitere Namen, von Achilleskraut und Blutstillkraut über Gänsezungen und Bauchwehkraut bis hin zu Soldatenkraut. Mein liebster Volksname ist »Augenbraue der Venus«.

Bereits der Neandertaler nutzte die Heilkraft dieser Pflanze und in China wird seit über zweitausend Jahren das Schafgarbenorakel praktiziert – ein Versuch, mithilfe von fünfzig Stäbchen aus getrockneten Schafgarbenstängeln Ratschläge für die Zukunft zu erhalten. Bei Plinius dem Älteren lesen wir, dass Achilles sich dieses Krauts bediente, um die Wunden seiner Soldaten zu versorgen und deren Heilung zu fördern.

Jahrhundertelang wurde die blutstillende Wirkung dieses Krauts genutzt; Soldaten im Ersten Weltkrieg trugen es in ihrer Feldapotheke bei sich und noch heute werden neue medizinische, kosmetische und kulinarische Verwendungsmöglichkeiten der überaus vielseitigen Pflanze entdeckt.

Je nach Standort und je nach Jahreszeit zeigen sich Blätter und Blüten der Gemeinen Schafgarbe stark oder weniger stark aromatisch und bitter. Verleihen Sie damit Butter und Frischkäse etwas Pep oder verwenden Sie sie als schmackhafte Salatzugaben oder dekorative Speisengarnitur. Ich persönlich bevorzuge die Gemeine Schafgarbe als Tee aufgegossen.

Schafgarben-Kräutertee

5 g vom getrockneten Blütenstand mit 500 ml kochendem Wasser übergießen, 10 Minuten ziehen lassen; über den Tag verteilt 3 Tassen trinken, nach Möglichkeit jeweils eine Viertelstunde vor dem Essen.

Schafgarbentee unterstützt die Verdauung, wirkt entzündungshemmend und hilft gegen Menstruationsbeschwerden.

Bärlauch

Allium ursinum

AMARYLLISGEWÄCHSE (AMARYLLIDACEAE)

Kalender

Erntezeit:
März–Juni
Blütezeit:
April–Juni

Vorkommen

An kühlen, schattigen Standorten auf basenreichen, tonigen Böden im feuchten Unterholz anzutreffen, häufig entlang von Flüssen und Bächen.

Beschreibung

Ausdauerndes Zwiebelgewächs von 15–50 cm Höhe, gestieltes oval-lanzettliches Blatt mit parallelen Blattnerven und ausgeprägtem Kiel; zu einer Scheindolde zusammengefasste, zwittrige weiße Blüten mit sechs Blütenblättern; selbstbefruchtend; Kapselfrucht mit drei Kammern. Bärlauch tritt in der Natur in Kolonien auf.

Eigenschaften

Blätter und Zwiebeln: Blutdrucksenkend, Blutgerinnseln vorbeugend, antimikrobiell.

Gegenanzeigen

Nicht an Kinder unter 3 Jahren verabreichen. Von der Einnahme vor und nach chirurgischen Eingriffen sowie bei Schilddrüsenproblemen wird abgeraten.

Wenn ich im Frühjahr Wanderer in die Wälder beglei-te, sind sie meist sehr an den zarten weißen Blüten der Maiglöckchen interessiert; den hübschen weißen Blüten unseres wilden Knoblauchs hingegen zeigen sie nicht selten die kalte Schulter. Völlig zu Unrecht! Im Gegen-satz zum hochgiftigen Maiglöckchen ist der Bärlauch köstlich; zugleich verfügt er über dieselben Eigenschaf-ten wie der echte Knoblauch. Bis die Blüten austreiben und bei der Identifizierung helfen, sehen sich Maiglöck-chen und Bärlauch ausgesprochen ähnlich. Sollten Sie sich Ihrer Sache nicht sicher sein, zerreiben Sie ein Blatt: Der Knoblauchduft des Bärlauchs ist unverkennbar!

Als unsere Feinkostläden noch nicht auf den Ge-schmack gekommen waren, waren es die Bären, die sich über den wilden Lauch hermachten, um nach der Win-terruhe ihre Verdauung in Gang zu bringen.

Bei der Ernte gehen wir tunlichst sparsam vor und be-schränken uns möglichst auf die Zeit vor der Blüte (Duft und Geschmack sind dann feiner). Vermeiden Sie es, den Boden um die Kolonien mit den Füßen zu verdich-ten, und belassen Sie die Zwiebeln im Boden, damit Sie im Folgejahr am selben Ort wieder ernten können.

Bärlauchöl

Eine große Handvoll Bärlauchblätter ausgebreitet in einem Zimmer oder bei 50 °C im Backofen trocknen. Mit 500 ml Olivenöl 10 Minuten im Mixer pürieren. Durch ein Tuch filtrieren. Nach Geschmack salzen. Dieses Öl verleiht Speisen einen angenehm milden Knoblauchgeschmack.

In Polen werden Bärlauchblätter übrigens durch Fermentation haltbar gemacht – so, wie hierzulande Sauerkraut.

Die in Streifen geschnittenen Blätter lassen sich in der Pfanne hervorragend in Olivenöl dünsten. Anschließend nach Geschmack salzen und als Beilage servieren.

Achtung: Zur selben Zeit wie der Bärlauch finden Sie auch das sehr ähnliche Laub einiger giftiger Pflanzen, darunter Aronstab, Maiglöckchen und Herbstzeitlose, und der Dolden-Milchstern blüht zeitgleich mit Bärlauch. Wenn Sie jedoch den Knoblauchduft verspüren, wissen Sie, dass Sie die richtigen Blätter ernten.

Knoblauchsrauke

Alliaria petiolata

KREUZBLÜTENGEWÄCHSE (BRASSICACEAE)

Kalender

Erntezeit:
April–September
Blütezeit:
April–Juni
Samenreife:
Juli

Vorkommen

Sehr verbreitet bis ins Mittelgebirge; auf überwiegend nährstoffreichen, frischen, alkalischen Böden im Unterholz und am Waldrand, an Hecken und Wegrändern.

Beschreibung

Zwei- bis mehrjährige Pflanze von 40–100 cm Höhe. Blatt fast gänzlich unbehaart und leicht geknautscht mit buchtig gezähntem Rand; Grundblätter lang gestielt. Die Blüten mit vier weißen kreuzförmig angeordneten Blütenblättern sind zu einem endständigen traubigen Blütenstand zusammengefasst. Die bräunlichen Samen sitzen in Schoten.

Eigenschaften

Ganze Pflanze: Antiseptisch, auswurffördernd (vor allem das frische Kraut), harntreibend, die Wundheilung fördernd.

Nicht ohne Grund hat die Knoblauchsrauke ihren Namen: Zwar erinnert das Blatt in der Form an jenes der Brennnessel, doch das Aroma, das es nach dem Zerreiben freisetzt, und sein Geschmack ähneln entschieden dem des Knoblauchs.

Auch der zweite Namensteil ist sprechend, denn Samen und Pfahlwurzel schmecken scharf wie Rauke.

Schon seit sehr langer Zeit finden die Samen und die Wurzel Verwendung als Küchengewürz. Die Knoblauchsrauke ist außerdem auch für die Stimme gut: Sie wirkt ähnlich wie die Weg-Rauke (*Sisymbrium officinale*), die aufgrund ihrer Eigenschaften auch den Volksnamen »Sängerkraut« trägt.

Einem Freund zufolge diente die Knoblauchsrauke im Mittelalter auch als Rauchkraut.

Die Blätter, Blüten und jungen grünen Schoten sind wohlschmeckend in Salaten; auch in Olivenöl gedünstet und leicht gesalzen schmecken sie gut. Die Knoblauchsrauke unterscheidet sich mit ihrem Knoblauchduft von den anderen Kreuzblütengewächsen, die üblicherweise nach Kohl, nach Rübstiel oder auch nach Rauke riechen.

Knoblauchsraukenpesto

2 Handvoll Blätter der Knoblauchsrauke · 100 ml Olivenöl · Salz
Die sehr fein gehackten Blätter in 30 ml Olivenöl bei kleiner Hitze andünsten. Vom Feuer nehmen, den Rest des Olivenöls zugeben, mit Salz abschmecken. In ein Gefäß geben und kaltstellen, bis sich die Masse verfestigt hat.

Verwendung als Brotaufstrich, als Beigabe zu rohem oder gegartem Gemüse oder zu Nudel- und Reisgerichten.

Achtung: Früh im Jahr könnten die grundständigen Blätter der Knoblauchsrauke mit Veilchen- oder Gundermannblättern verwechselt werden. Ein Schnuppertest wird sie jedoch eindeutig identifizieren. Eine Verwechslung mit dem Grauen Alpendost (*Adenostyles alliariae*) ist nur möglich, solange die Pflanze nicht blüht.

Hunds-Kerbel

Anthriscus caucalis

DOLDENGEWÄCHSE
(APIACEAE)

Kalender

Blütezeit:
April–Juni
Fruchtreife:
Juli

Vorkommen

Bevorzugt stickstoffreiche, vorwiegend trockene, tonhaltige, alkalische, humusarme Böden. Anzutreffen in Parks und Gärten, auf Brachen und am Ackerrain. Kommt im deutschsprachigen Raum im Gegensatz zu verwandten Arten wie Wiesenkerbel und Echtem Kerbel sehr selten vor.

Beschreibung

Einjährige Pflanze von 10–80 cm Höhe, behaart, stark aromatischer Anisduft; Laub dreifach gefiedert. Der Blütenstand ist eine Doppeldolde ohne Hüllblätter, jedoch mit Hüllchen (Hülle um die Döldchen). Die etwa 4 mm großen Spaltfrüchte (Doppelachänen) sind mit hakigen Borsten besetzt.

Kaum ein Doldengewächs blüht im Frühjahr so zeitig wie der Hunds-Kerbel. Das besonders in der Region um Paris verbreitete Wildkraut stammt ursprünglich aus dem Kaukasus. Ich freue mich jedes Jahr wieder, wenn ich die zarten weißen Blüten am Wegrand entdecke.

Doch sofort muss ich eine Warnung aussprechen: Verwechseln Sie den Hunds-Kerbel nicht mit dem verwandten Taumel-Kälberkropf (*Chaerophyllum temulum*), der seinen Namen der entsprechenden Wirkung aufs Vieh verdankt. Der Hunds-Kerbel, den wir suchen, duftet stark und ist stärker behaart, was uns bei der Identifizierung hilft. Sein unverwechselbarer Duft ist dem des Echten Kerbels sehr ähnlich.

Wer seinen Funden dennoch misstraut, dem rate ich, stattdessen den Tellerrand mit ein paar kleinen Stängeln des Krauts zu dekorieren: Auch dies hat umwerfende Wirkung, aber garantiert eine rein dekorative!

Hunds-Kerbel-Gazpacho

200 g junge Triebe des Hunds-Kerbels · 200 g Gurke (entkernt) · 100 g Fenchel · 100 g rote Zwiebel · 1 kleine Knoblauchzehe · 20 g Olivenöl · 10 g Apfel- oder Zitronenessig · 10 g Sojasoße (kann durch eine Prise Salz ersetzt werden) · circa 300 ml Wasser (je nach gewünschter Konsistenz etwas mehr oder weniger) · Pfeffer · Salz

Sämtliche Zutaten bis auf das Öl in das Gefäß eines Standmixers geben und auf höchster Stufe pürieren. Danach einen Schuss Olivenöl zugeben und nochmals mixen. Je nachdem, wie stark der verwendete Mixer ist, ist die fertige Mischung mehr oder weniger glatt; störende Fasern können herausgefiltert werden, indem man die ganze oder eine Teilmenge durch ein feines Sieb gibt. Ich serviere diese kalte Suppe gern als gut gekühlte Vorspeise.

Achtung: Verwechslungen mit giftigen Arten aus derselben Familie sind möglich, allen voran mit der Hundspetersilie (*Aethusa cynapium*) und dem Gefleckten Schierling (*Conium maculatum*). Beiden fehlt jedoch der starke Anisduft, und beide sind unbehaart.

Zweigriffeliger Weißdorn

Crataegus laevigata

ROSENGEWÄCHSE (ROSACEAE)

Kalender

Erntezeit: Mai–September
Blütezeit: Mai/Juni
Fruchtreife: September

Vorkommen

Auf vorwiegend alkalischen, trockenen Böden mit geringem Humusanteil allgemein verbreitet. Im Grunde wächst der ausgesprochen anspruchslose Weißdorn jedoch überall; in den Alpen bis zu einer Höhe von 1000 m.

Beschreibung

Stark verzweigter, dornenbesetzter Strauch oder kleiner Baum von 2–10 m Höhe. Blätter wechselständig, tief drei- bis siebenfach gelappt. Zu kleinen Doldenrispen zusammengefasste duftende Blüten mit 5 freistehenden weißen Blütenblättern, zahlreichen Staubblättern und zwei oder drei Griffeln. Die roten Apfelfrüchte des zum Kernobst zählenden Weißdorns enthalten dicke Kerne.

Eigenschaften

Blüten und Früchte: Antiarrhythmisch, herzstärkend, blutdrucksenkend, krampflösend, beruhigend.

Gegenanzeigen

Bei gleichzeitiger Einnahme blutdrucksenkender Mittel oder anderer Herzmedikation nicht ohne ärztliches Einverständnis und nicht ohne ärztliche Kontrolle anwenden.

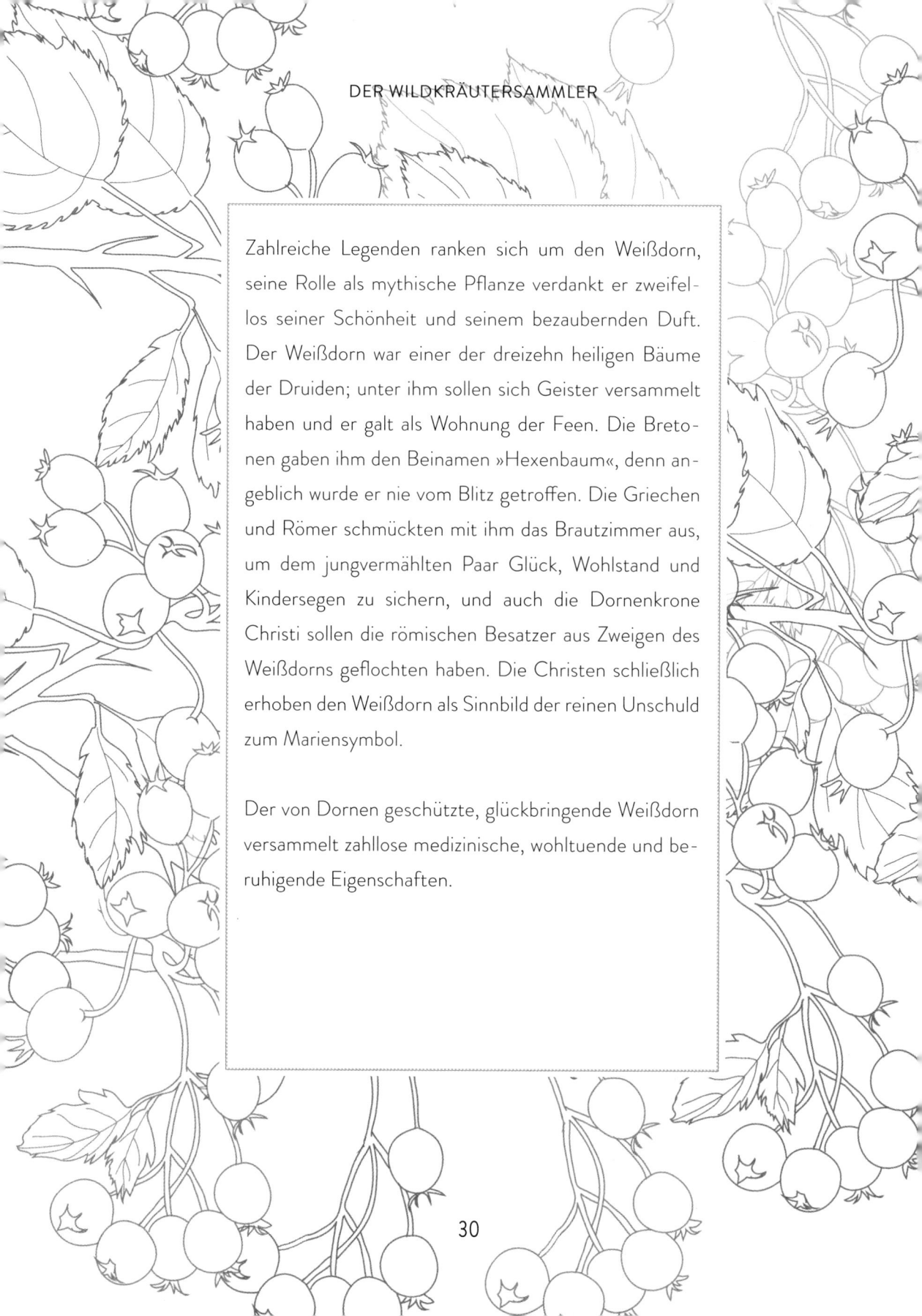

Zahlreiche Legenden ranken sich um den Weißdorn, seine Rolle als mythische Pflanze verdankt er zweifellos seiner Schönheit und seinem bezaubernden Duft. Der Weißdorn war einer der dreizehn heiligen Bäume der Druiden; unter ihm sollen sich Geister versammelt haben und er galt als Wohnung der Feen. Die Bretonen gaben ihm den Beinamen »Hexenbaum«, denn angeblich wurde er nie vom Blitz getroffen. Die Griechen und Römer schmückten mit ihm das Brautzimmer aus, um dem jungvermählten Paar Glück, Wohlstand und Kindersegen zu sichern, und auch die Dornenkrone Christi sollen die römischen Besatzer aus Zweigen des Weißdorns geflochten haben. Die Christen schließlich erhoben den Weißdorn als Sinnbild der reinen Unschuld zum Mariensymbol.

Der von Dornen geschützte, glückbringende Weißdorn versammelt zahllose medizinische, wohltuende und beruhigende Eigenschaften.

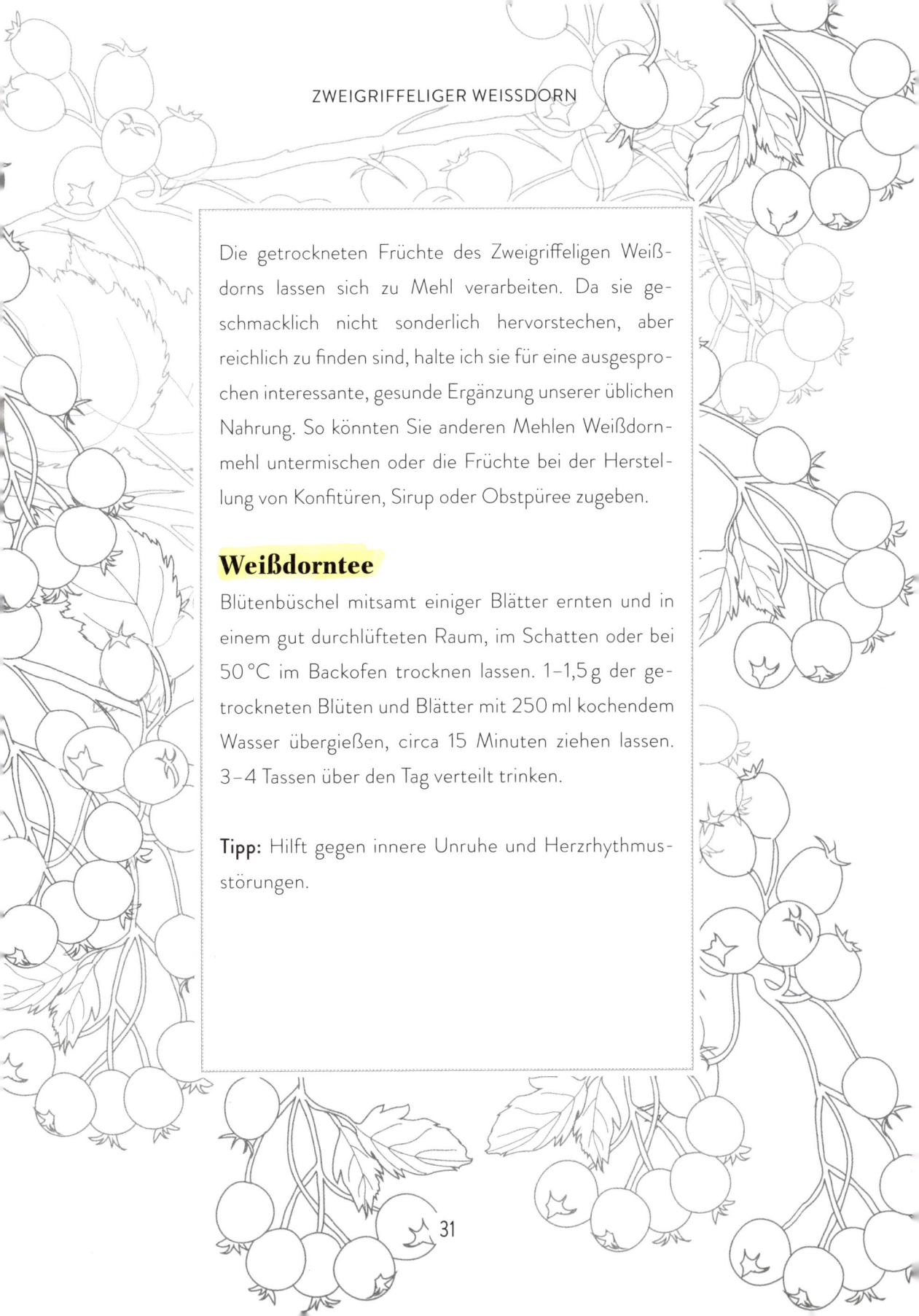

Die getrockneten Früchte des Zweigriffeligen Weiß-dorns lassen sich zu Mehl verarbeiten. Da sie ge-schmacklich nicht sonderlich hervorstechen, aber reichlich zu finden sind, halte ich sie für eine ausgespro-chen interessante, gesunde Ergänzung unserer üblichen Nahrung. So könnten Sie anderen Mehlen Weißdorn-mehl untermischen oder die Früchte bei der Herstel-lung von Konfitüren, Sirup oder Obstpüree zugeben.

Weißdorntee

Blütenbüschel mitsamt einiger Blätter ernten und in einem gut durchlüfteten Raum, im Schatten oder bei 50 °C im Backofen trocknen lassen. 1–1,5 g der ge-trockneten Blüten und Blätter mit 250 ml kochendem Wasser übergießen, circa 15 Minuten ziehen lassen. 3–4 Tassen über den Tag verteilt trinken.

Tipp: Hilft gegen innere Unruhe und Herzrhythmus-störungen.

Große Klette

Arctium lappa

KORBBLÜTENGEWÄCHSE (ASTERACEAE)

Kalender

Erntezeit:
September/Oktober
Blütezeit:
Juli/August

Vorkommen

Anzutreffen an überwiegend sonnigen Standorten in Parks, am Weg- und Waldrand auf nährstoffreichen, alkalischen Böden, gern in Wassernähe; kommt bis in Höhen von 1300 m vor.

Beschreibung

Zweijährige Pflanze mit langer, spindelförmiger Wurzel und einem 80–150 cm hohen Stängel. Blätter wechselständig, ganzrandig, unterseits graufilzig behaart; die untersten Blätter können 70 cm Länge erreichen. Korbblüten 3–4 cm groß mit zahlreichen Hüllblättern, die in lange, hakig gekrümmte Spitzen auslaufen. Die Frucht ist eine 6–7 mm lange Schließfrucht (Achäne).

Eigenschaften

Wurzeln und Blätter: Antimikrobiell, hautberuhigend, leberschützend, den Gallenfluss fördernd, harntreibend, blutzuckersenkend.

In Japan wird die Klettenwurzel unter der Bezeichnung gobō im Rahmen einer ganzheitlichen Ernährung verwendet. Das Blatt der Klette wirkt gut gegen Insektenstiche und wer Lust auf eine große Gaudi mit den Kindern hat, pflückt die Klettenblüten oder -früchte, um sich gegenseitig aufs Korn zu nehmen oder aber mit Zielscheiben aus Stoff Darts zu spielen.

Genau die Haken der Blütenstände inspirierten den Schweizer Ingenieur Georges de Mestral zum Klettverschluss. Die Blütenschäfte der Großen Klette lassen sich geschält in der Küche verwenden; ihr ausgezeichneter Geschmack ähnelt dem der Artischocke. Der Verzehr verleiht Ihnen dann auch die Kraft, die oft mehr als 50 cm tief in den Boden geschlagenen Wurzeln der Erde zu entreißen!

Auch die Kleine Klette (*Arctium minus*) ist genießbar; sie unterscheidet sich von ihrer großen Verwandten durch den hohlen Blattstiel.

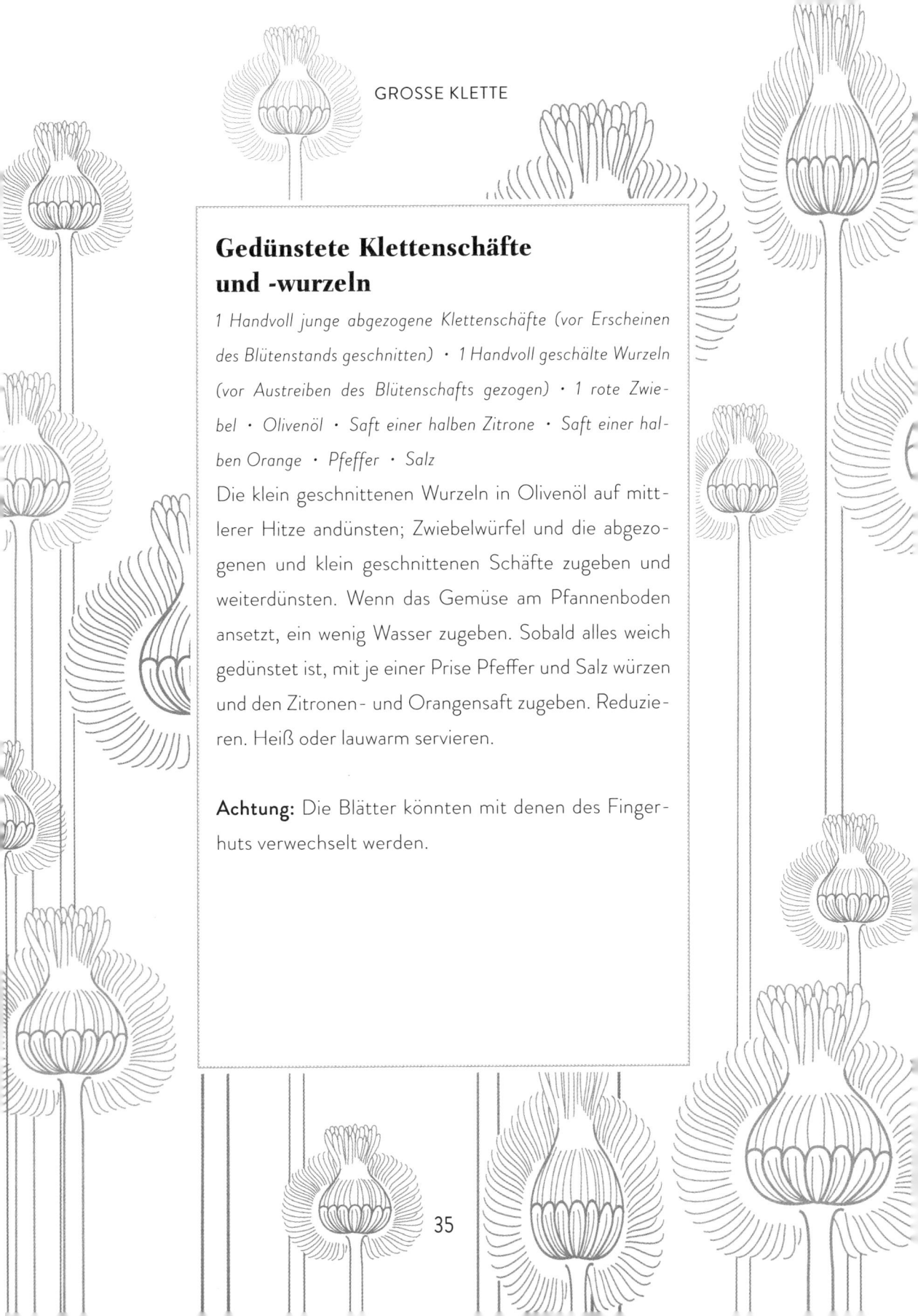

Gedünstete Klettenschäfte und -wurzeln

1 Handvoll junge abgezogene Klettenschäfte (vor Erscheinen des Blütenstands geschnitten) · 1 Handvoll geschälte Wurzeln (vor Austreiben des Blütenschafts gezogen) · 1 rote Zwiebel · Olivenöl · Saft einer halben Zitrone · Saft einer halben Orange · Pfeffer · Salz

Die klein geschnittenen Wurzeln in Olivenöl auf mittlerer Hitze andünsten; Zwiebelwürfel und die abgezogenen und klein geschnittenen Schäfte zugeben und weiterdünsten. Wenn das Gemüse am Pfannenboden ansetzt, ein wenig Wasser zugeben. Sobald alles weich gedünstet ist, mit je einer Prise Pfeffer und Salz würzen und den Zitronen- und Orangensaft zugeben. Reduzieren. Heiß oder lauwarm servieren.

Achtung: Die Blätter könnten mit denen des Fingerhuts verwechselt werden.

Echte Nelkenwurz

Geum urbanum

ROSENGEWÄCHSE (ROSACEAE)

Kalender

Erntezeit:
Mai und Oktober/November
Blütezeit:
Mai–Oktober

Vorkommen

Allgemein verbreitet; besonders häufig in der Nähe menschlicher Siedlungen, auf nährstoffreichen Böden und im Waldhumus, in Parks und Obstgärten, in Gehölzen und am Waldrand.

Beschreibung

20–90 cm hohe mehrjährige Pflanze; das Rhizom duftet nach Gewürznelken. Stängelblätter wechselständig; Grundblätter unregelmäßig gefiedert. Die etwa 10 mm großen gelben endständigen Blüten besitzen 5 Blütenblätter und einen zweifachen Kelch mit 5 großen und 5 kleinen Kelchblättern. Die Früchte sind mit Haken versehene Nüsschen.

Eigenschaften

Wurzeln: Adstringierend, wundheilend, verdauungsfördernd; hilft bei Durchfall und bei Hämorrhoiden.

Die Echte Nelkenwurz wird im Volksmund auch als Benediktinerkraut bezeichnet. Die Benediktiner-Äbtissin und Mystikerin Hildegard von Bingen beschrieb dieses Heilkraut in ihrer Heilkunde *Causae et Curae* unter der lateinischen Bezeichnung *Benedicta*.

Zu jener Zeit fungierten die Klöster zugleich als Brauereien und Brennereien; die Nelkenwurz wurde zur Aromatisierung und Haltbarmachung dem Bier zugefügt und durch das Einlegen in Wein gewann man ein Getränk mit stärkender und verdauungsfördernder Wirkung. Die Bezeichnung »Sanamundenkraut« (»Heil aller Welt«) verweist auf die Verwendung unter anderem als fiebersenkender Tee; auch die im Feld schwer zu stillende Sehnsucht des Soldaten nach der geliebten Frau sollte es lindern. Auch aus diesem Grund gehörte die Nelkenwurz oft zum militärischen Marschgepäck.

Durch den Eugenol-Gehalt erinnert die Echte Nelkenwurz vom Geruch und Geschmack an Gewürznelken und daher auch an schönere Dinge als nur an den Zahnarztstuhl.

Heimatlicher Gewürzkuchen

1 Handvoll frische Rhizome der Nelkenwurz (gehackt) · etwa 10 Samen vom Wiesen-Bärenklau, frisch oder getrocknet · 700 ml Reis- oder Mandelmilch · 1 EL Olivenöl · 1 EL Haselnussöl · 210 g Reismehl · 500 g Agavensirup oder Akazienhonig · ½ TL Kaiserna-tron · 1 TL Zitronensaft · ½ TL Zimt · ¼ TL Salz

Den Backofen auf 150 °C vorheizen. Die Nelkenwurz und die Bärenklausamen unter die Milch rühren. Alle übrigen Zutaten zügig unterrühren, um Klumpen-bildung zu vermeiden. In eine mit Öl ausgepinselte Backform geben und mindestens 2 Stunden im Ofen backen. Gartest: Beim Einschneiden muss die Mes-serspitze sauber herauskommen.

Ich serviere diesen Gewürzkuchen auf Zimmertempe-ratur abgekühlt, gern mit Eiscreme.

Wiesen-Bärenklau

Heracleum sphondylium

DOLDENGEWÄCHSE (APIACEAE)

Kalender

Erntezeit:
Juni–September; Herbst und Frühjahr
(Wurzel)
Blütezeit:
Juni–September
Fruchtreife:
Juli–Oktober

Vorkommen

Anzutreffen auf nährstoffreichen
Böden auf Wiesen und am Wald- und
Gehölzrand.

Beschreibung

Zweijährige Pflanze von 80–200 cm
Höhe; Stängel kräftig, rau behaart und
kantig gefurcht. Laubblätter mehrfach
fiederschnittig und ausgesprochen
variabel in der Form. Zu Doppeldolden
zusammengefasste weiße Blüten mit
größeren, stark gebuchteten äuße-
ren Blütenblättern. Die Früchte sind
ovale Doppelachänen von etwa 10 mm
Größe.

Eigenschaften

Wurzel: Verdauungsfördernd, blä-
hungstreibend, tonisch.
Trockene Frucht: Harntreibend, antiseptisch, beruhigend. Dem Pflanzen-
heilkundler Henri Leclerc zufolge
wirken die Früchte anregend und
aphrodisierend.

Eine meiner Lieblingspflanzen!

Den Wiesen-Bärenklau könnte ich monatelang täglich in der Küche verwenden, ohne seiner überdrüssig zu werden. Man findet ihn das ganze Jahr über, außer im Januar und Februar während eines besonders kalten Winters. Der kräftige Geschmack der Samen erinnert an Zitrusfrüchte und Kardamom, der der jungen Triebe hingegen an Kokosnuss.

In Frankreich wird der Wiesen-Bärenklau auf dem Land »Kaninchenkraut« genannt, so sehr mögen diese ihn; der Name der in Osteuropa beliebten Suppe Borschtsch leitet sich von der slawischen Bezeichnung dieses Wildkrauts her (etwa polnisch: *barszcz zwyczajny*), denn dafür ist es eine Hauptzutat. Die Gestalt der Laubblätter dürfte der Grund für den deutschen Volksnamen »Bärenklau« sein. Ich persönlich bevorzuge den botanischen Namen *Heracleum*, der sich vom Halbgott Herakles herleitet und sich auf die kraftvolle Haltung dieses Wiesengewächses bezieht sowie, so scheint mir, auf die kräftigende und aphrodisierende Wirkung.

Wiesen-Bärenklau-Pesto

2 Handvoll frische Blätter, 200 ml Olivenöl, 2 EL Apfelessig und 2 Prisen Salz in den Standmixer geben, pürieren und abschmecken. Hält sich bis zu 1 Woche im Kühlschrank; hält mit Öl abgedeckt einige Tage länger.

Eingelegter Wiesen-Bärenklau

Bärenklaustängel und -stiele von den harten Fasern befreien und in Stücke zerteilen. In Oliven- oder Kokosöl unter Beigabe von Essig und Rohzucker dünsten. Als Beigabe zum Essen reichen.

Achtung: Der Pflanzensaft des Wiesen-Bärenklaus enthält phototoxische Stoffe, die bei empfindlichen Personen Hautreaktionen hervorrufen können. Bei den Gruppen, die ich führe (Mindestalter 10 Jahre), habe ich allerdings noch keinen solchen Fall erlebt. Dagegen verursacht der auch als Herkulesstaude bezeichnete 2–4 m hohe Riesen-Bärenklau (*Heracleum mantegazzianum*), der sich durch größere Blätter und spitzere Blattfiedern auszeichnet, Verbrennungen 2. Grades.

Gewöhnliches Hirtentäschel

Capsella bursa-pastoris

KREUZBLÜTENGEWÄCHSE
(BRASSICACEAE)

Kalender

Erntezeit:
April–Oktober

Blütezeit:
März bis Oktober/November

Vorkommen

Bevorzugt auf sandigen bis schlickigen, alkalischen, verdichteten Böden, auf Wiesen und in Gärten; sehr anpassungsfähig an unterschiedliche Standorte. Verbreitet bis in die subalpine Vegetationsstufe.

Beschreibung

Ein- bis zweijährige Pflanze von 10–70 cm Höhe mit schwefligem Kohlgeruch. Grundblätter geteilt; Stängelblätter stängelumfassend. Kleine weiße Kreuzblüten mit 4 Blütenblättern, 1–2,5 mm lang. Zahlreiche kleine gelbe Samen in herzförmigen, 4–9 mm langen Schötchen.

Eigenschaften

Ganze Pflanze: Adstringierend, blutstillend, blutdrucksenkend, venenstärkend, tonische Wirkung auf den Uterus, normalisiert die Regelblutung.

Gegenanzeigen

Nicht anwenden während der Schwangerschaft und Stillzeit.

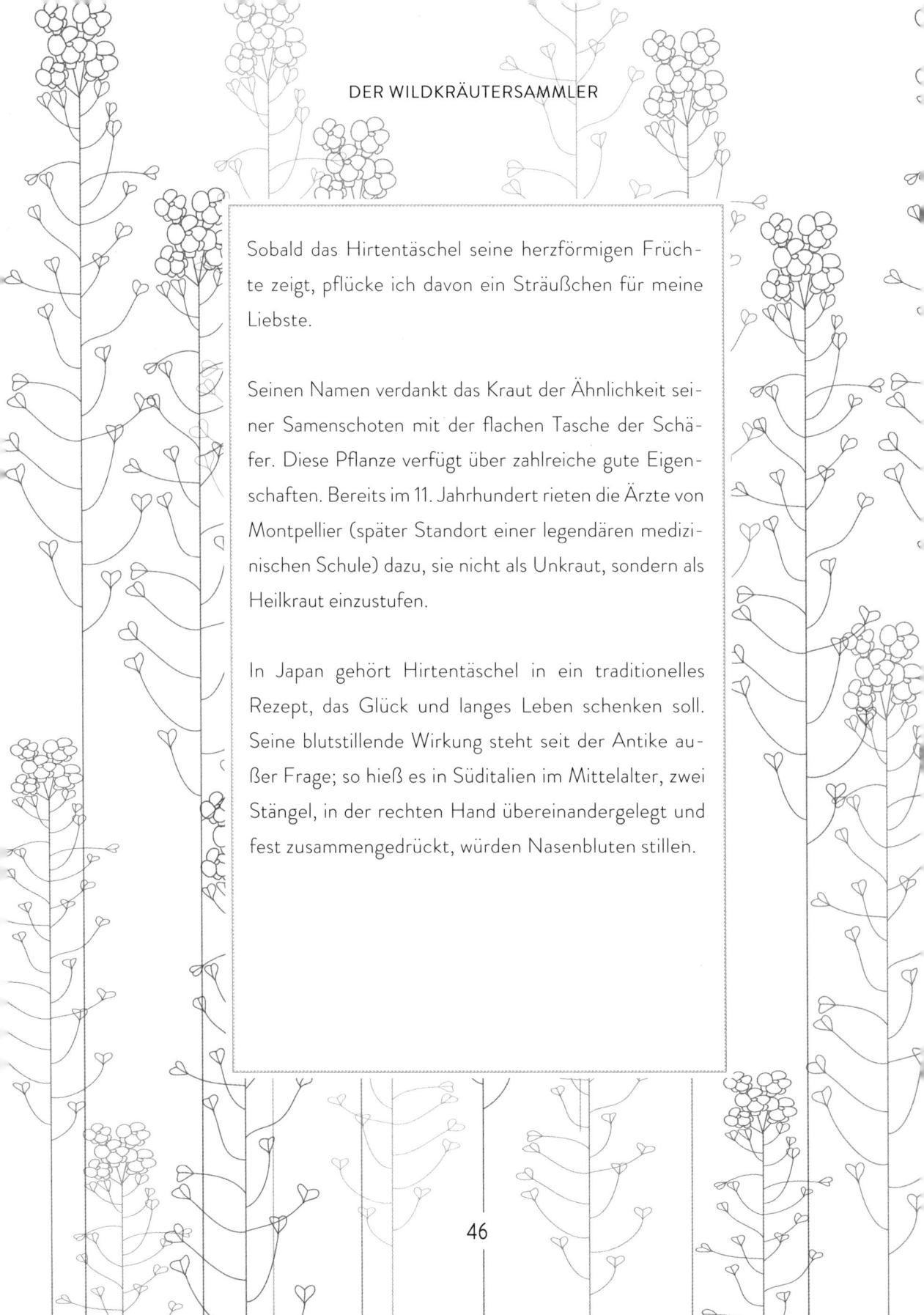

Sobald das Hirtentäschel seine herzförmigen Früchte zeigt, pflücke ich davon ein Sträußchen für meine Liebste.

Seinen Namen verdankt das Kraut der Ähnlichkeit seiner Samenschoten mit der flachen Tasche der Schäfer. Diese Pflanze verfügt über zahlreiche gute Eigenschaften. Bereits im 11. Jahrhundert rieten die Ärzte von Montpellier (später Standort einer legendären medizinischen Schule) dazu, sie nicht als Unkraut, sondern als Heilkraut einzustufen.

In Japan gehört Hirtentäschel in ein traditionelles Rezept, das Glück und langes Leben schenken soll. Seine blutstillende Wirkung steht seit der Antike außer Frage; so hieß es in Süditalien im Mittelalter, zwei Stängel, in der rechten Hand übereinandergelegt und fest zusammengedrückt, würden Nasenbluten stillen.

Hirtentäscheltee

Gegen schmerzhafte und starke Regelblutungen empfehle ich dreimal täglich eine Tasse Tee: Etwa 3g des
Krauts mit 150 ml kochendem Wasser übergießen und
circa 5 Minuten ziehen lassen. Dieser Tee ist außerdem
reich an Antioxidantien und wirkt entzündungshemmend.
Er sollte jedoch keinesfalls bei Schwangerschaft eingenommen werden (Risiko eines Aborts) und auch nicht
von stillenden Müttern.

Hirtentäschel-Apfel-Walnuss-Salat

*2 Handvoll junge Hirtentäschelblätter · 1 Apfel · 5 Walnüsse ·
Dressing: 1EL Mandelmus · 1EL Orangensaft · 1EL Zitronensaft · 1 TL Sojasoße*

Blätter feinhacken, Apfel in kleine Würfel schneiden,
Walnüsse hacken. Mit dem Dressing mischen und
30 Minuten im Kühlschrank durchziehen lassen. Kalt
servieren.

Achtung: Die grundständige Rosette kann mit denen
mancher Korbblütengewächse verwechselt werden;
diesen fehlt allerdings der kohltypische schweflige
Geruch.

Echte Kamille

Matricaria chamomilla

KORBBLÜTENGEWÄCHSE
(ASTERACEAE)

Kalender

Erntezeit:
Mai–August
Blütezeit:
Mai–August

Vorkommen

Bevorzugt eher tonige und alkalische
Böden auf Feldern, am Weg- und
Straßenrand. Kann in Höhen bis zu
1700 m angetroffen werden.

Beschreibung

Aufrechte, stark verzweigte, kräftig
duftende Pflanze von 15–60 cm Höhe.
Sehr fein zerteiltes Laub. Aromatisch
duftende Korbblüten mit hohem Blütenboden. Die gelben Röhrenblüten der
Blütenmitte sind von einem Kranz weißer Zungenblüten umringt. Die Früchte
(Achänen) sind etwa 1,5 mm lang.

Eigenschaften

Blüten: Entzündungshemmend,
antimikrobiell, die Wundheilung
fördernd, krampflösend, beruhigend, angstlösend, verringernde
Wirkung bei Magengeschwüren,
verdauungsfördernd, haut- und
schleimhautberuhigend.

Gegenanzeigen

Nicht einnehmen bei Therapie mit
Blutverdünnern.

Die ursprünglich aus Osteuropa und Vorderasien stammende Echte Kamille ist heute in fast ganz Europa anzutreffen, wo sie auf Brachflächen und auf nicht mit Unkrautvernichter behandelten Äckern siedelt. Ihr Name leitet sich vom griechischen *chamaimêlon* her, wörtlich »am Boden wachsender Apfel«, und wird mal mit ihrem Apfelduft, mal mit dem gelben kugeligen Blütenstand erklärt.

Der Gattungsname *Matricaria*, abgeleitet vom lateinischen *matrix*, verweist auf die wohltuende und zugleich unterstützende Wirkung auf den weiblichen Fortpflanzungstrakt. Die Ägypter verabreichten Kamille gegen Fieber und gegen Sonnenstich; später wurde sie ganz selbstverständlich von den Griechen und den Römern als Heilkraut übernommen und breitete sich mit dem Römischen Reich über Europa aus.

Die Kamille verdankt ihren guten Ruf vor allem ihrer beruhigenden Wirkung; noch heute zählt Kamillentee – trotz seiner etwas altmodischen Anmutung – weltweit zu den Spitzenreitern der Kräutertees.

Kamillen-Ölauszug

100 g getrocknete Blüten der Echten Kamille · 700 ml Oliven-öl · 50 ml Weingeist 96 % · 5 ml Vitamin E

Blüten grob zu Pulver zerstoßen, mit Alkohol befeuchten, zugedeckt etwa 2 Stunden ruhen lassen, dabei zweimal umrühren. In einem Kochtopf mit dem Öl und 3 ml Vitamin E mischen. Bei geringer Hitze im Wasserbad bis auf 80 °C erwärmen und dabei ab und zu umrühren. Dann 15 Minuten unter konstantem Rühren auf dieser Temperatur halten, sodass der Alkohol sich verflüchtigt. Vom Herd nehmen und abkühlen lassen; durch einen ungebleichten Kaffeefilter geben. Flaschen bzw. Gläser vor dem Abfüllen 10 Minuten in kochendem Wasser sterilisieren, mit einem sauberen, nach Möglichkeit mit reinem Alkohol getränkten Geschirrtuch abtrocknen. Zuletzt die verbliebenen 2 ml Vitamin E hinzugeben. Der Ölauszug lässt sich an einem kühlen, dunklen Ort bis zu 1 Jahr aufbewahren. Kamillen-Ölauszug hilft, lokal angewendet, unter anderem bei Hautentzündungen, Juckreiz und Verbrennungen.

Achtung: Verwechslungen möglich mit der Geruchlosen Kamille, auch Falsche Strandkamille genannt *(Tripleurospermum inodorum)*, deren Blütenboden jedoch mit weichem Gewebe gefüllt ist.

Wilde Möhre

Daucus carota

DOLDENGEWÄCHSE
(APIACEAE)

Kalender

Laubaustrieb:
Mai/Juni
Blütezeit:
Juni–September
Fruchtreife:
Juli–September

Vorkommen

Bevorzugt vorwiegend trockene, kalk-
reiche und tonhaltige Böden; unter
anderem auf Wiesen, Brachflächen
und an Wegrändern.

Beschreibung

Zweijährige, ausladend verzweigte
Pflanze von 30–150 cm Höhe mit
borstig behaarten Stängeln. Mehrfach gefiederte, behaarte Laubblätter
mit stark zerteilten Fiederblättchen.
Weiße, zu Doppeldolden zusammengefasste Blüten, häufig mit einer
dunklen sterilen Blüte (Schein-
insekt) im Zentrum. Lange, verzweigte Blütenhüllblätter. Während
der Fruchtreife (und darüber hinaus)
vogelnestartig zusammengezoge-
ner Blütenstand; kleine, bestachelte
Doppelachänen.

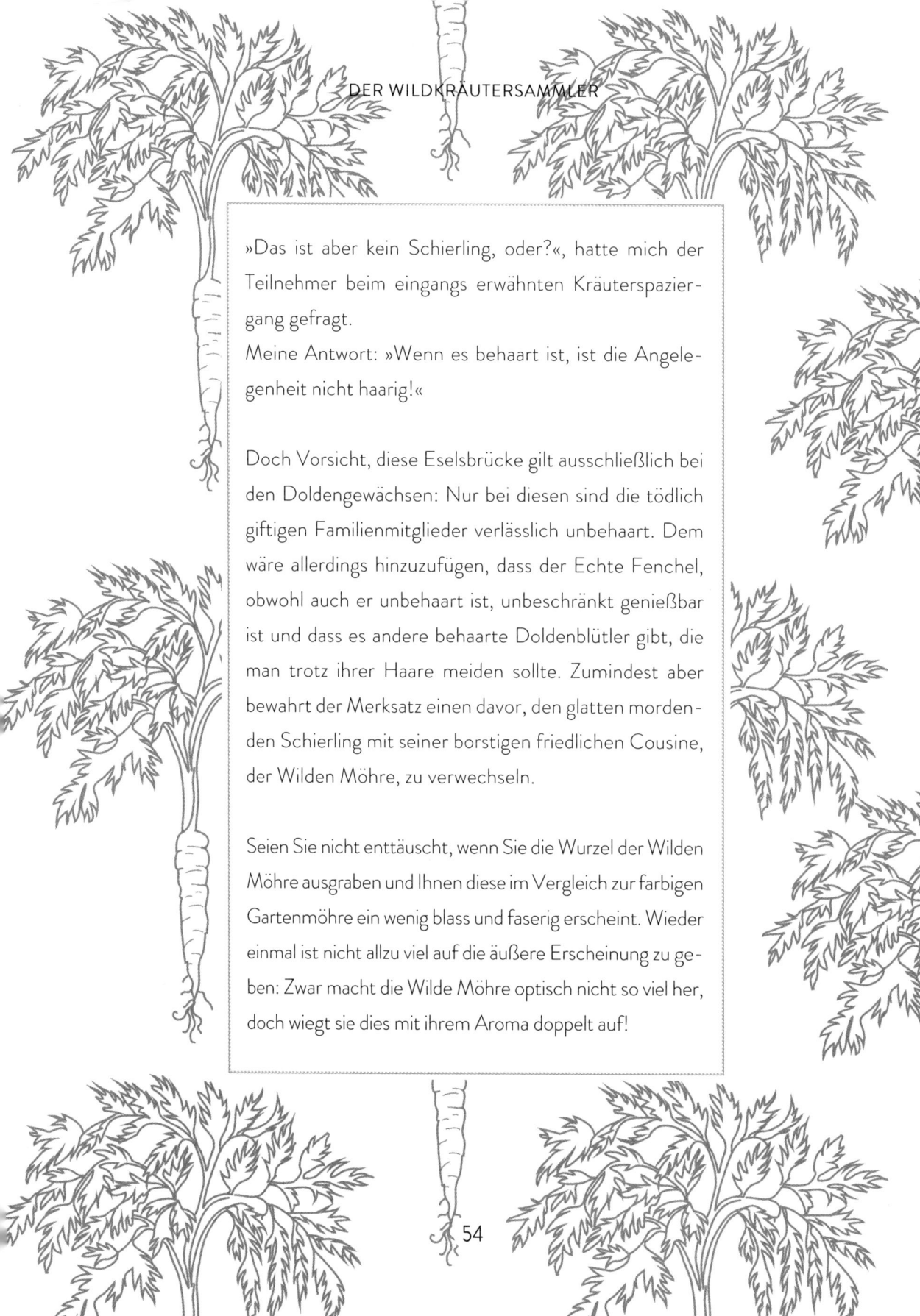

»Das ist aber kein Schierling, oder?«, hatte mich der Teilnehmer beim eingangs erwähnten Kräuterspaziergang gefragt.

Meine Antwort: »Wenn es behaart ist, ist die Angelegenheit nicht haarig!«

Doch Vorsicht, diese Eselsbrücke gilt ausschließlich bei den Doldengewächsen: Nur bei diesen sind die tödlich giftigen Familienmitglieder verlässlich unbehaart. Dem wäre allerdings hinzuzufügen, dass der Echte Fenchel, obwohl auch er unbehaart ist, unbeschränkt genießbar ist und dass es andere behaarte Doldenblütler gibt, die man trotz ihrer Haare meiden sollte. Zumindest aber bewahrt der Merksatz einen davor, den glatten mordenden Schierling mit seiner borstigen friedlichen Cousine, der Wilden Möhre, zu verwechseln.

Seien Sie nicht enttäuscht, wenn Sie die Wurzel der Wilden Möhre ausgraben und Ihnen diese im Vergleich zur farbigen Gartenmöhre ein wenig blass und faserig erscheint. Wieder einmal ist nicht allzu viel auf die äußere Erscheinung zu geben: Zwar macht die Wilde Möhre optisch nicht so viel her, doch wiegt sie dies mit ihrem Aroma doppelt auf!

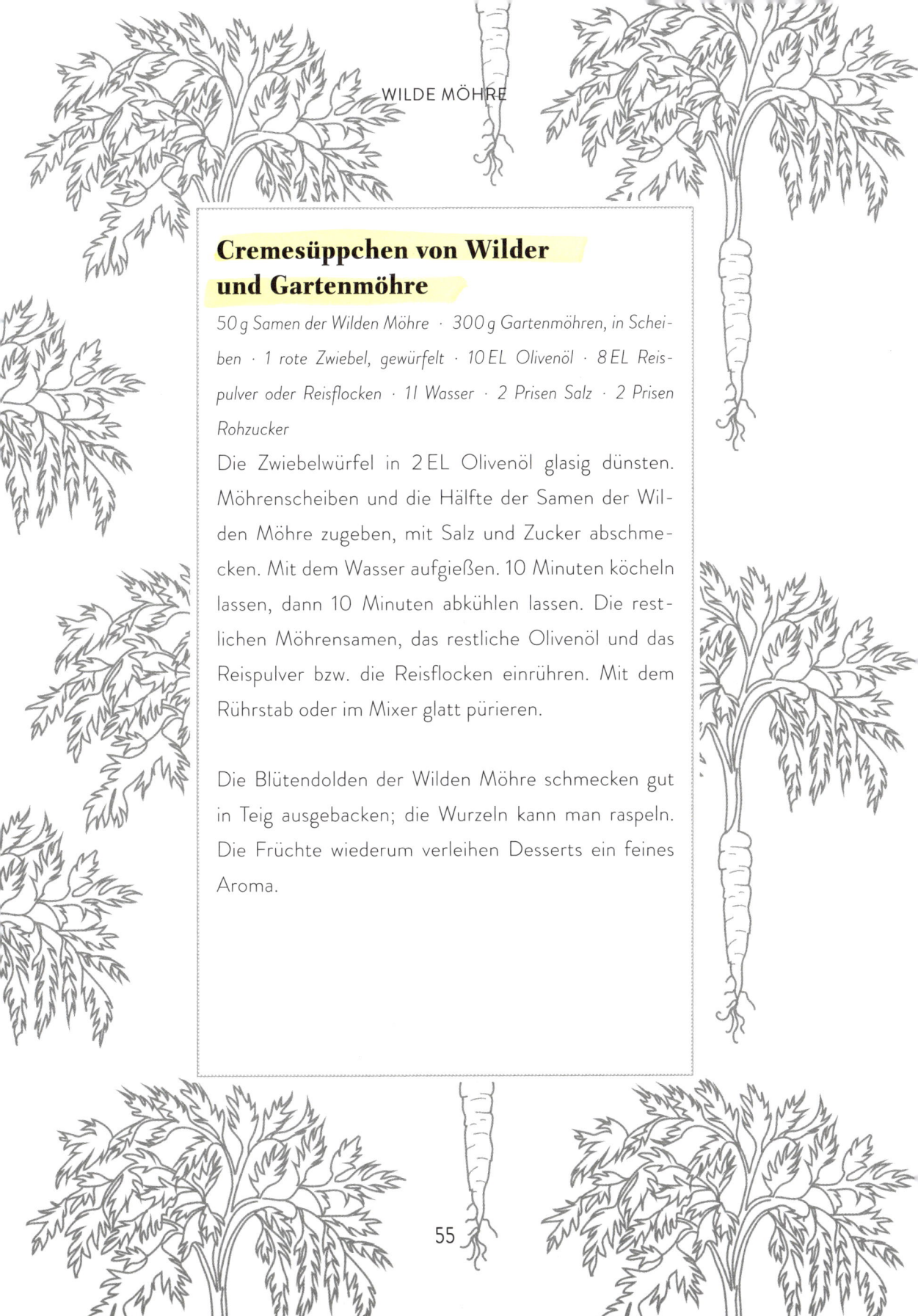

Cremesüppchen von Wilder und Gartenmöhre

50 g Samen der Wilden Möhre · 300 g Gartenmöhren, in Scheiben · 1 rote Zwiebel, gewürfelt · 10 EL Olivenöl · 8 EL Reispulver oder Reisflocken · 1 l Wasser · 2 Prisen Salz · 2 Prisen Rohzucker

Die Zwiebelwürfel in 2 EL Olivenöl glasig dünsten. Möhrenscheiben und die Hälfte der Samen der Wilden Möhre zugeben, mit Salz und Zucker abschmecken. Mit dem Wasser aufgießen. 10 Minuten köcheln lassen, dann 10 Minuten abkühlen lassen. Die restlichen Möhrensamen, das restliche Olivenöl und das Reispulver bzw. die Reisflocken einrühren. Mit dem Rührstab oder im Mixer glatt pürieren.

Die Blütendolden der Wilden Möhre schmecken gut in Teig ausgebacken; die Wurzeln kann man raspeln. Die Früchte wiederum verleihen Desserts ein feines Aroma.

Eiche

Quercus sp.
BUCHENGEWÄCHSE (FAGACEAE)

Kalender

Erntezeit: März–Mai (Rinde), Oktober (Eicheln)
Blütezeit: April/Mai
Fruchtreife: September/Oktober

Vorkommen

Eichen sind in Deutschland nach der Rotbuche die zweithäufigsten Laubbäume; verbreitet sind vor allem Stiel- und Traubeneichen; sie sind bevorzugt auf alkalischen, eher tonigen Böden anzutreffen.

Beschreibung

Eichen werden bis 45 m hoch und bis 1000 Jahre alt. Die Blätter der Stieleiche sind kurz gestielt und an der Basis geöhrt, die der Traubeneiche langstielig und ohne Öhrchen. Der Baum ist einhäusig gemischt-geschlechtlich, mit hängenden gelbgrünen männlichen Kätzchen und unauffälligen, rötlichen, einzelnen weiblichen Blüten. Die Früchte (Eicheln) sitzen bei der Stieleiche in einem langgestielten Fruchtbecher, bei der Traubeneiche an kurzen Stielen.

Eigenschaften

Rinde: Leicht antiseptisch, blutstillend, Juckreiz lindernd, Durchfall lindernd.
Blattknospe (als Teil einer Gemmotherapie): Stimuliert die Nebennierenrinde und die Testosteronproduktion. Abzuraten während Schwangerschaft und Stillzeit und bei Kindern.

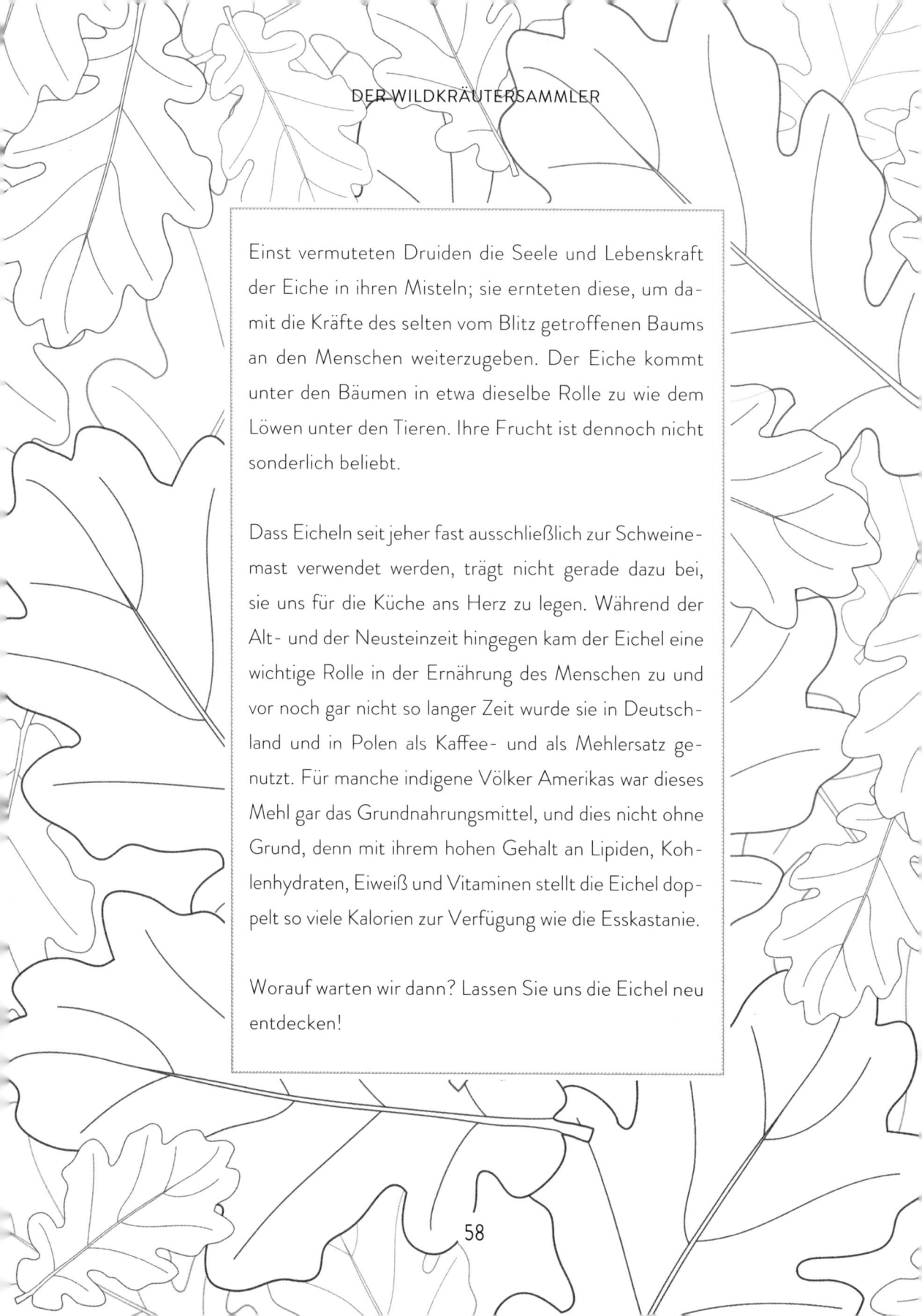

Einst vermuteten Druiden die Seele und Lebenskraft der Eiche in ihren Misteln; sie ernteten diese, um damit die Kräfte des selten vom Blitz getroffenen Baums an den Menschen weiterzugeben. Der Eiche kommt unter den Bäumen in etwa dieselbe Rolle zu wie dem Löwen unter den Tieren. Ihre Frucht ist dennoch nicht sonderlich beliebt.

Dass Eicheln seit jeher fast ausschließlich zur Schweinemast verwendet werden, trägt nicht gerade dazu bei, sie uns für die Küche ans Herz zu legen. Während der Alt- und der Neusteinzeit hingegen kam der Eichel eine wichtige Rolle in der Ernährung des Menschen zu und vor noch gar nicht so langer Zeit wurde sie in Deutschland und in Polen als Kaffee- und als Mehlersatz genutzt. Für manche indigene Völker Amerikas war dieses Mehl gar das Grundnahrungsmittel, und dies nicht ohne Grund, denn mit ihrem hohen Gehalt an Lipiden, Kohlenhydraten, Eiweiß und Vitaminen stellt die Eichel doppelt so viele Kalorien zur Verfügung wie die Esskastanie.

Worauf warten wir dann? Lassen Sie uns die Eichel neu entdecken!

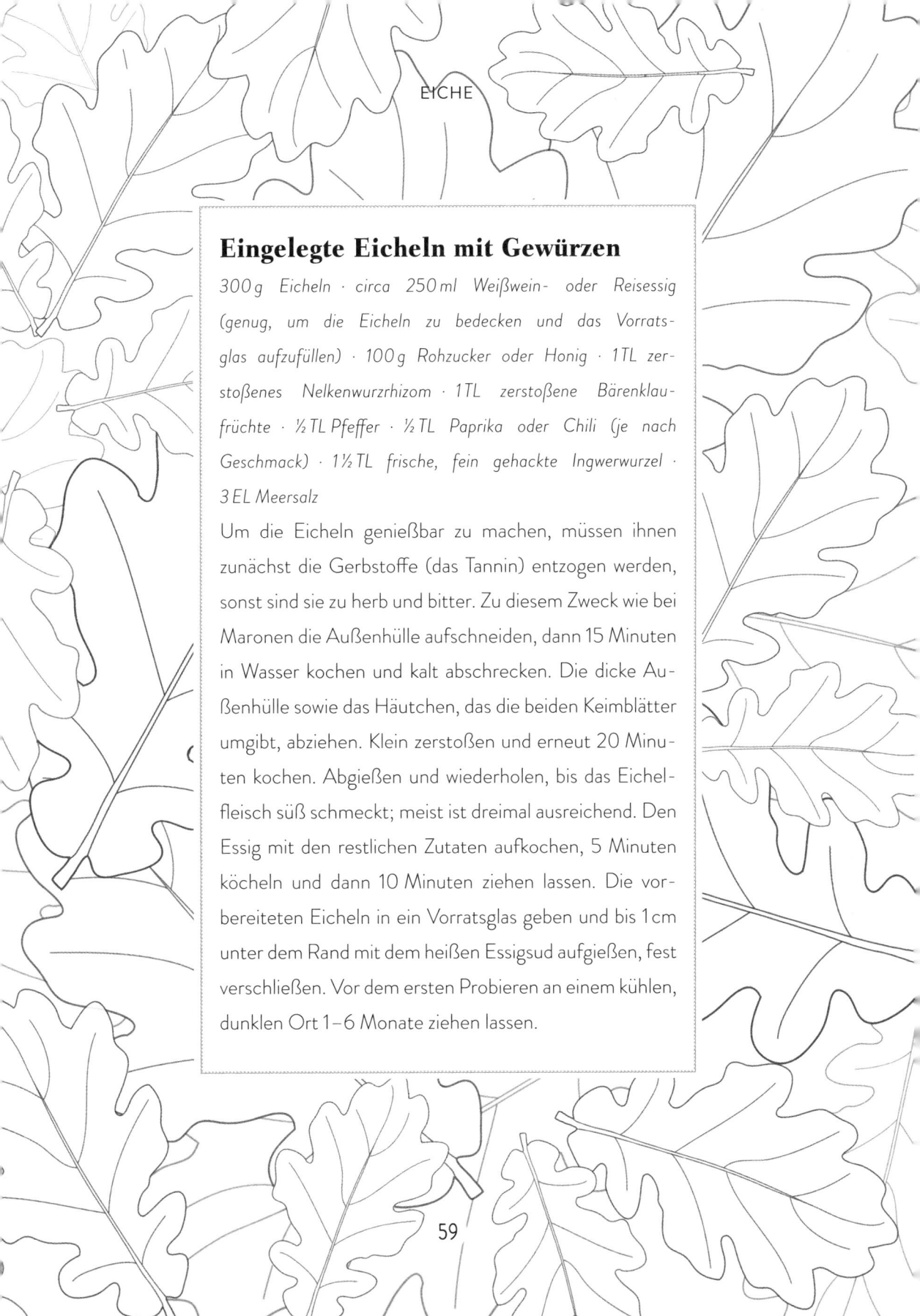

Eingelegte Eicheln mit Gewürzen

300 g Eicheln · circa 250 ml Weißwein- oder Reisessig (genug, um die Eicheln zu bedecken und das Vorratsglas aufzufüllen) · 100 g Rohzucker oder Honig · 1 TL zerstoßenes Nelkenwurzrhizom · 1 TL zerstoßene Bärenklaufrüchte · ½ TL Pfeffer · ½ TL Paprika oder Chili (je nach Geschmack) · 1½ TL frische, fein gehackte Ingwerwurzel · 3 EL Meersalz

Um die Eicheln genießbar zu machen, müssen ihnen zunächst die Gerbstoffe (das Tannin) entzogen werden, sonst sind sie zu herb und bitter. Zu diesem Zweck wie bei Maronen die Außenhülle aufschneiden, dann 15 Minuten in Wasser kochen und kalt abschrecken. Die dicke Außenhülle sowie das Häutchen, das die beiden Keimblätter umgibt, abziehen. Klein zerstoßen und erneut 20 Minuten kochen. Abgießen und wiederholen, bis das Eichelfleisch süß schmeckt; meist ist dreimal ausreichend. Den Essig mit den restlichen Zutaten aufkochen, 5 Minuten köcheln und dann 10 Minuten ziehen lassen. Die vorbereiteten Eicheln in ein Vorratsglas geben und bis 1 cm unter dem Rand mit dem heißen Essigsud aufgießen, fest verschließen. Vor dem ersten Probieren an einem kühlen, dunklen Ort 1–6 Monate ziehen lassen.

Klatschmohn

Papaver rhoeas

MOHNGEWÄCHSE (PAPAVERACEAE)

Kalender

Erntezeit:
Mai–August
Blütezeit:
Mai–August

Vorkommen

Toleriert sämtliche Standorte;
besonders häufig auf Kalk-Lehm-
Böden; verbreitet auf Brachflächen,
am Wegrand und auf Feldern anzutreffen.

Beschreibung

Milchsafthaltige Pflanze von 20–
80 cm Höhe mit borstig behaarten,
fiederschnittigen Blättern. Blüte mit
vier blutroten Blütenblättern. Grüne
Kelchblätter abfallend. Zahlreiche
Staubblätter. Die unvollständig
aufplatzenden Kapselfrüchte ver-
streuen den Samen weit.

Eigenschaften

Blütenblätter: Beruhigend,
hustenstillend.

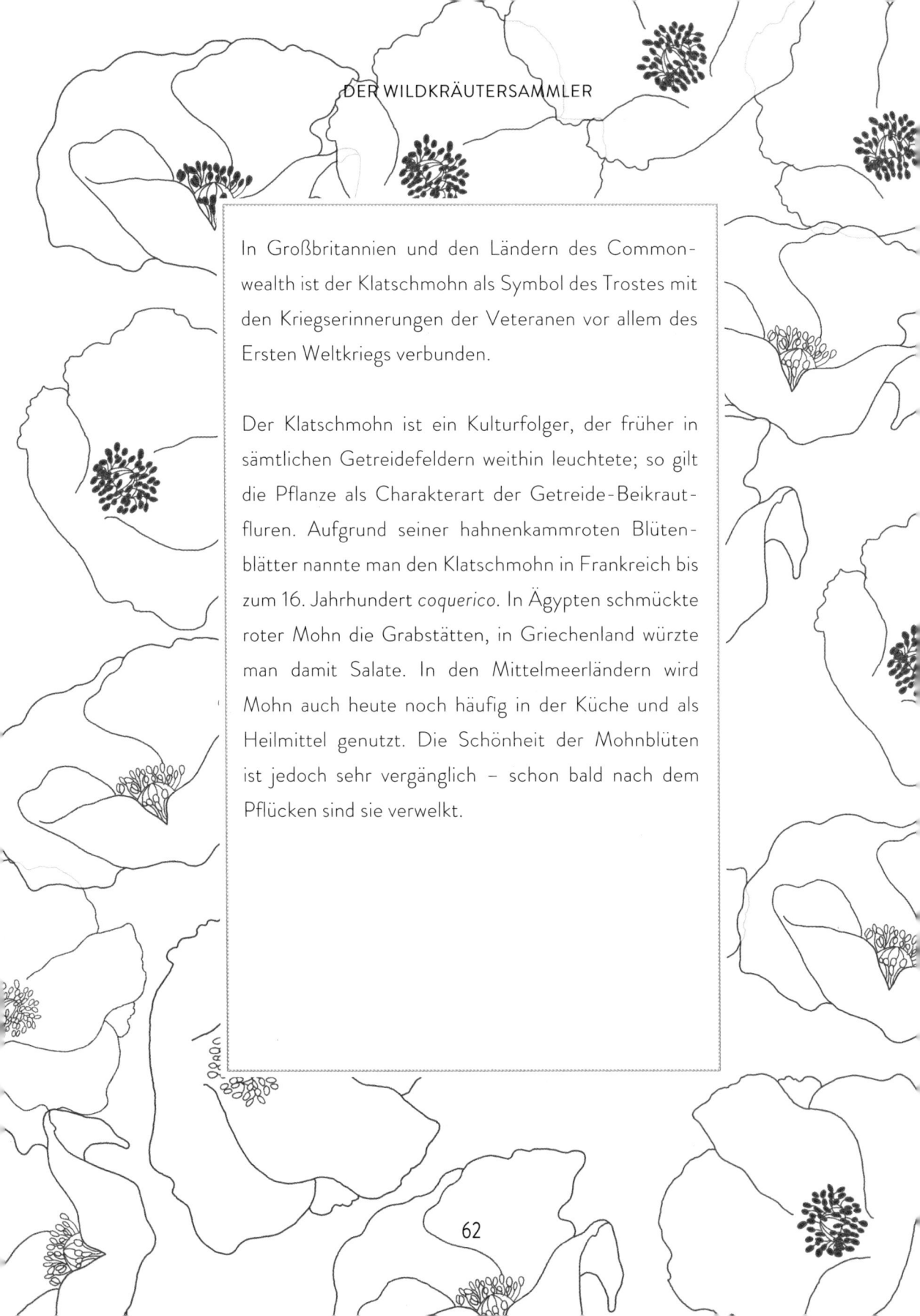

In Großbritannien und den Ländern des Commonwealth ist der Klatschmohn als Symbol des Trostes mit den Kriegserinnerungen der Veteranen vor allem des Ersten Weltkriegs verbunden.

Der Klatschmohn ist ein Kulturfolger, der früher in sämtlichen Getreidefeldern weithin leuchtete; so gilt die Pflanze als Charakterart der Getreide-Beikrautfluren. Aufgrund seiner hahnenkammroten Blütenblätter nannte man den Klatschmohn in Frankreich bis zum 16. Jahrhundert *coquerico*. In Ägypten schmückte roter Mohn die Grabstätten, in Griechenland würzte man damit Salate. In den Mittelmeerländern wird Mohn auch heute noch häufig in der Küche und als Heilmittel genutzt. Die Schönheit der Mohnblüten ist jedoch sehr vergänglich – schon bald nach dem Pflücken sind sie verwelkt.

Eingelegte Mohnknospen

Die Zubereitung ist ähnlich wie bei Kapern: Dicke Blütenknospen in ein Glas geben, mit Essig auffüllen und fest verschließen. Nach drei Wochen verzehrfertig.

Ein wunderschönes Mitbringsel, mit dem ich meinen Freunden immer wieder eine Freude machen kann! Die Blütenblätter wie auch die Samen sind eine schöne Dekoration auf Gebäck. Sirup erhält durch den roten Farbstoff von Mohnblütenblättern eine schicke Farbe.

Mohnblütentee

Pro Tasse etwa 2 TL Mohnblütenblätter mit kochendem Wasser übergießen und 5–10 Minuten ziehen lassen. 3–4 Tassen am Tag zwischen den Mahlzeiten.

Mohnblütentee empfehle ich gern bei Reizhusten, gegen Schlafstörungen und innere Unruhe. Besonders empfehlenswert für Kinder.

Kornelkirsche

Cornus mas

HARTRIEGELGEWÄCHSE (CORNACEAE)

Kalender

Erntezeit:
September/Oktober
Blütezeit:
März/April
Fruchtreife:
August–Oktober

Vorkommen

Bevorzugt sonnige Standorte. Gedeiht auf trockenen, kalkreichen Böden in Wäldern, Hecken und auf Lichtungen. Besonders häufig in Süddeutschland und Niederösterreich zu finden.

Beschreibung

Strauch oder kleiner Baum von 2–6 m Höhe mit sehr hartem Holz; wird bis 300 Jahre alt. Ganzrandiges, spitz-ovales Blatt, gegenständig. Zu kleinen Dolden zusammengefasste gelbe Blüten mit vier Blütenblättern. Sehr zeitige Blüte, noch vor Erscheinen der Blätter. Fleischige, circa 2 cm große, rot ausreifende Steinfrüchte.

Eigenschaften

Junge Triebe und Blätter:
Fiebersenkend, adstringierend.

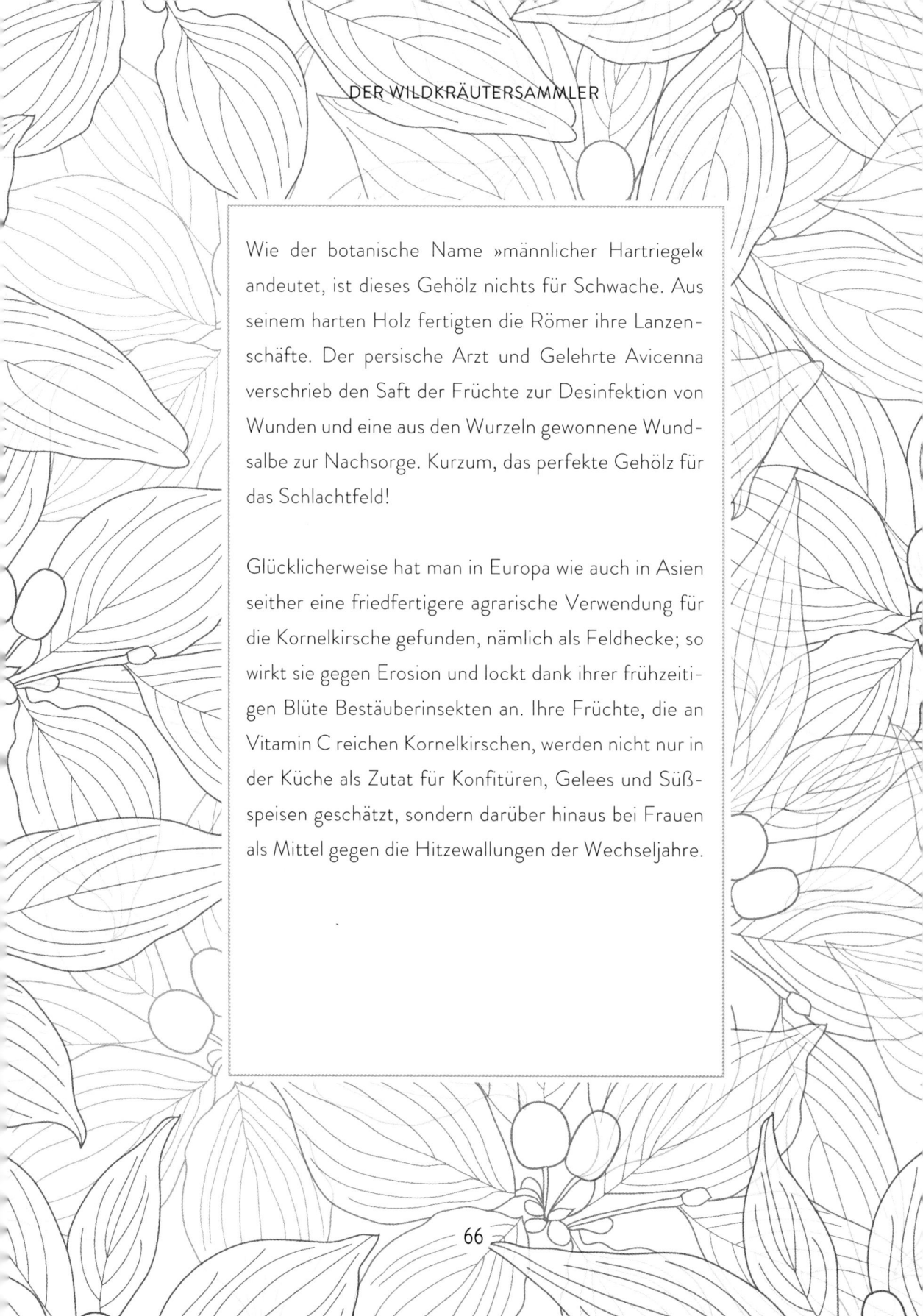

Wie der botanische Name »männlicher Hartriegel« andeutet, ist dieses Gehölz nichts für Schwache. Aus seinem harten Holz fertigten die Römer ihre Lanzenschäfte. Der persische Arzt und Gelehrte Avicenna verschrieb den Saft der Früchte zur Desinfektion von Wunden und eine aus den Wurzeln gewonnene Wundsalbe zur Nachsorge. Kurzum, das perfekte Gehölz für das Schlachtfeld!

Glücklicherweise hat man in Europa wie auch in Asien seither eine friedfertigere agrarische Verwendung für die Kornelkirsche gefunden, nämlich als Feldhecke; so wirkt sie gegen Erosion und lockt dank ihrer frühzeitigen Blüte Bestäuberinsekten an. Ihre Früchte, die an Vitamin C reichen Kornelkirschen, werden nicht nur in der Küche als Zutat für Konfitüren, Gelees und Süßspeisen geschätzt, sondern darüber hinaus bei Frauen als Mittel gegen die Hitzewallungen der Wechseljahre.

Kornelkirschenbrot

Reif aufgelesene Kornelkirschen in einen breiten Kochtopf geben. So eben mit Wasser bedecken. Aufkochen
lassen und etwa 20 Minuten weiterköcheln. Abseihen,
dabei den Saft auffangen. Das Fruchtfleisch durch ein
feines Sieb passieren, um es von den Steinen zu trennen. Zu dem Fruchtfleisch dasselbe Gewicht an Rohzucker geben. Unter ständigem Rühren kochen, bis sich
die Masse von den Topfseiten löst. Auf einem Backblech
etwa 1 cm dick ausstreichen und circa 2 Wochen trocknen lassen. Danach in kleine Quadrate schneiden, leicht
in Zucker wenden und abwechselnd mit Backpapier in
eine Blechdose schichten. Die Masse lässt sich auch im
Sonnendörrer oder bei 50 °C im Backofen trocknen.

Kornelkirschen eignen sich auch für das *umeboshi*-
Rezept auf Seite 123.

Hundsrose

Rosa canina
ROSENGEWÄCHSE (ROSACEAE)

Kalender

Erntezeit:
Oktober/November
Blütezeit:
Juni
Fruchtreife:
September–November

Vorkommen

Verbreitet in Wäldern, Hecken und
auf Brachland, vor allem im Flachland.
Signalisiert eine Vorstufe zur Verwal-
dung.

Beschreibung

Buschig wachsender, stachelbewehr-
ter Großstrauch von 1–3 m Höhe.
Kräftige, nach hinten gebogene Sta-
cheln, gefiedertes Blatt mit 5–7 ovalen, gezähnten, duftlosen Fiederblättchen. Duftende hellrosa Blüten von
4–5 cm Durchmesser mit 5 freien
Blütenblättern. Die eiförmige, glatte,
rot ausreifende Hagebutte ist eine
Sammelnussfrucht; sie enthält mit ju-
ckenden Härchen bedeckte trockene
Nüsschen.

Eigenschaften

Hagebutte: Adstringierend, entzündungshemmend, leicht abführend, harntreibend, reich an
Antioxidantien, vorbeugend gegen
Winterinfektionen.

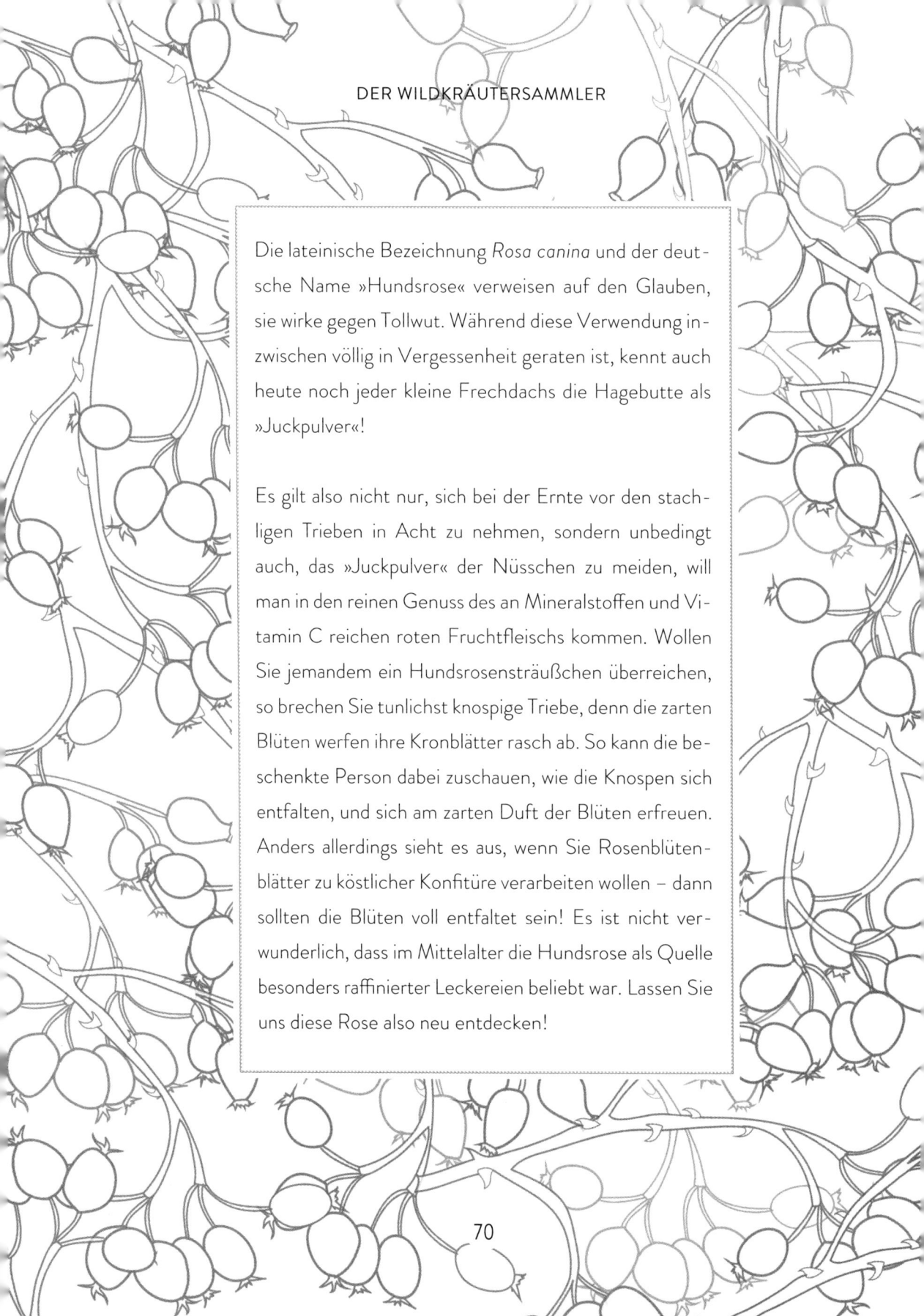

Die lateinische Bezeichnung *Rosa canina* und der deutsche Name »Hundsrose« verweisen auf den Glauben, sie wirke gegen Tollwut. Während diese Verwendung inzwischen völlig in Vergessenheit geraten ist, kennt auch heute noch jeder kleine Frechdachs die Hagebutte als »Juckpulver«!

Es gilt also nicht nur, sich bei der Ernte vor den stachligen Trieben in Acht zu nehmen, sondern unbedingt auch, das »Juckpulver« der Nüsschen zu meiden, will man in den reinen Genuss des an Mineralstoffen und Vitamin C reichen roten Fruchtfleischs kommen. Wollen Sie jemandem ein Hundsrosensträußchen überreichen, so brechen Sie tunlichst knospige Triebe, denn die zarten Blüten werfen ihre Kronblätter rasch ab. So kann die beschenkte Person dabei zuschauen, wie die Knospen sich entfalten, und sich am zarten Duft der Blüten erfreuen. Anders allerdings sieht es aus, wenn Sie Rosenblütenblätter zu köstlicher Konfitüre verarbeiten wollen – dann sollten die Blüten voll entfaltet sein! Es ist nicht verwunderlich, dass im Mittelalter die Hundsrose als Quelle besonders raffinierter Leckereien beliebt war. Lassen Sie uns diese Rose also neu entdecken!

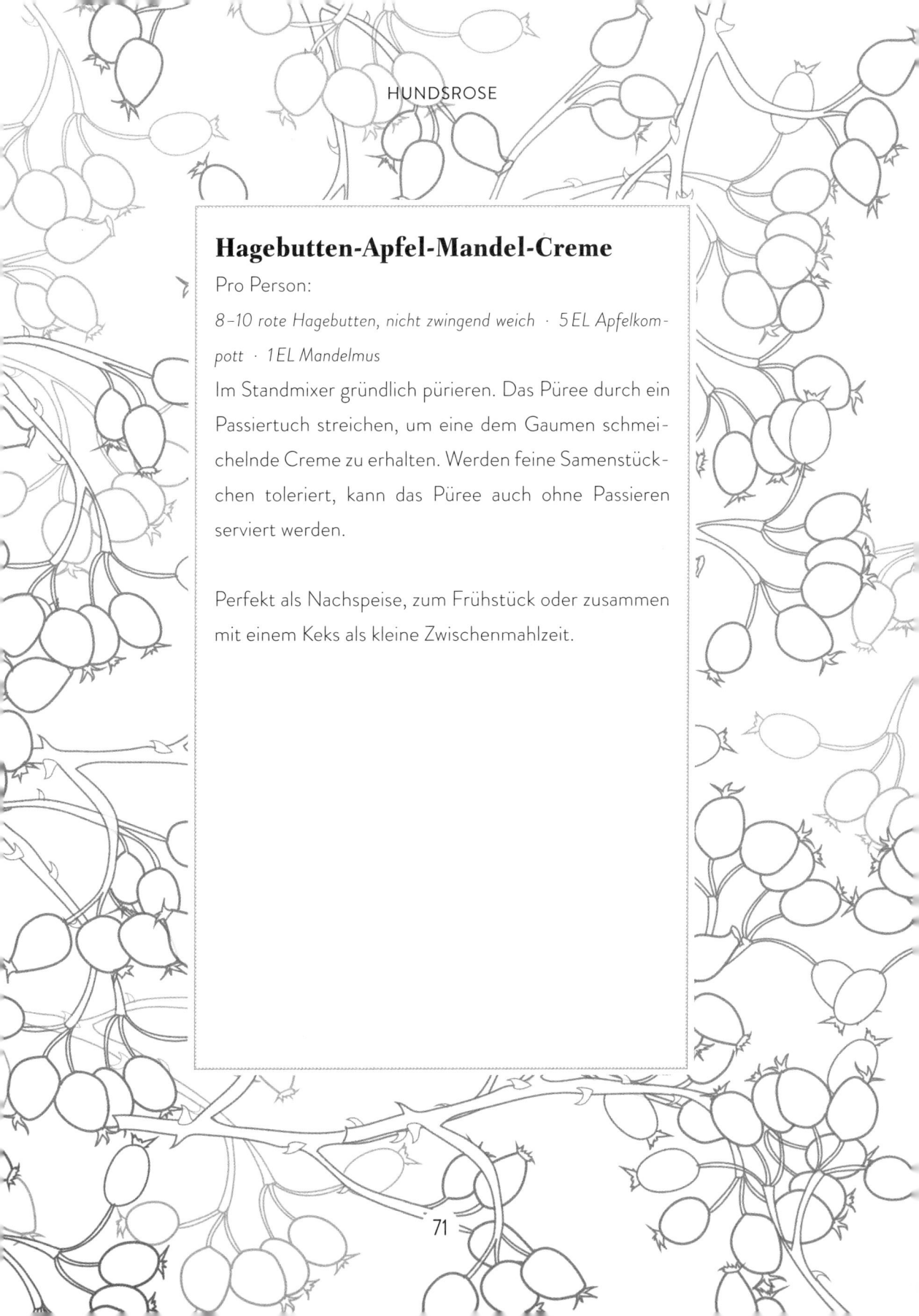

Hagebutten-Apfel-Mandel-Creme

Pro Person:

8–10 rote Hagebutten, nicht zwingend weich · 5 EL Apfelkompott · 1 EL Mandelmus

Im Standmixer gründlich pürieren. Das Püree durch ein Passiertuch streichen, um eine dem Gaumen schmeichelnde Creme zu erhalten. Werden feine Samenstückchen toleriert, kann das Püree auch ohne Passieren serviert werden.

Perfekt als Nachspeise, zum Frühstück oder zusammen mit einem Keks als kleine Zwischenmahlzeit.

Giersch

Aegopodium podagraria
DOLDENGEWÄCHSE (APIACEAE)

Kalender

Erntezeit:
März–Oktober

Blütezeit:
Mai–August

Vorkommen

Bevorzugt frische, nährstoffreiche Böden im Gehölz und in Bergwäldern, aber auch in Parks und Gärten. Wächst oft als ausgedehnte Bodendecke.

Beschreibung

Mehrjährige Staude von 40–100 cm Höhe mit wuchernden unterirdischen Rhizomen, unbehaart. Wechselständige, in 3–9 gezähnte eiförmige Fiederblättchen in Dreiergruppen gegliederte Blätter. Zu Doppeldolden zusammengefasste weiße Blüten mit gebuchteten Blütenblättern; Hüllblätter sowie Hüllchenblätter fehlen. Dolde mit 10–20 Nebenachsen. Spaltfrüchte 3–4 mm groß, eiförmig, fünffach gerippt.

Eigenschaften

Laub: Antibakteriell, antimykotisch, harntreibend. Die Wurzel wurde früher gegen Gicht angewendet.

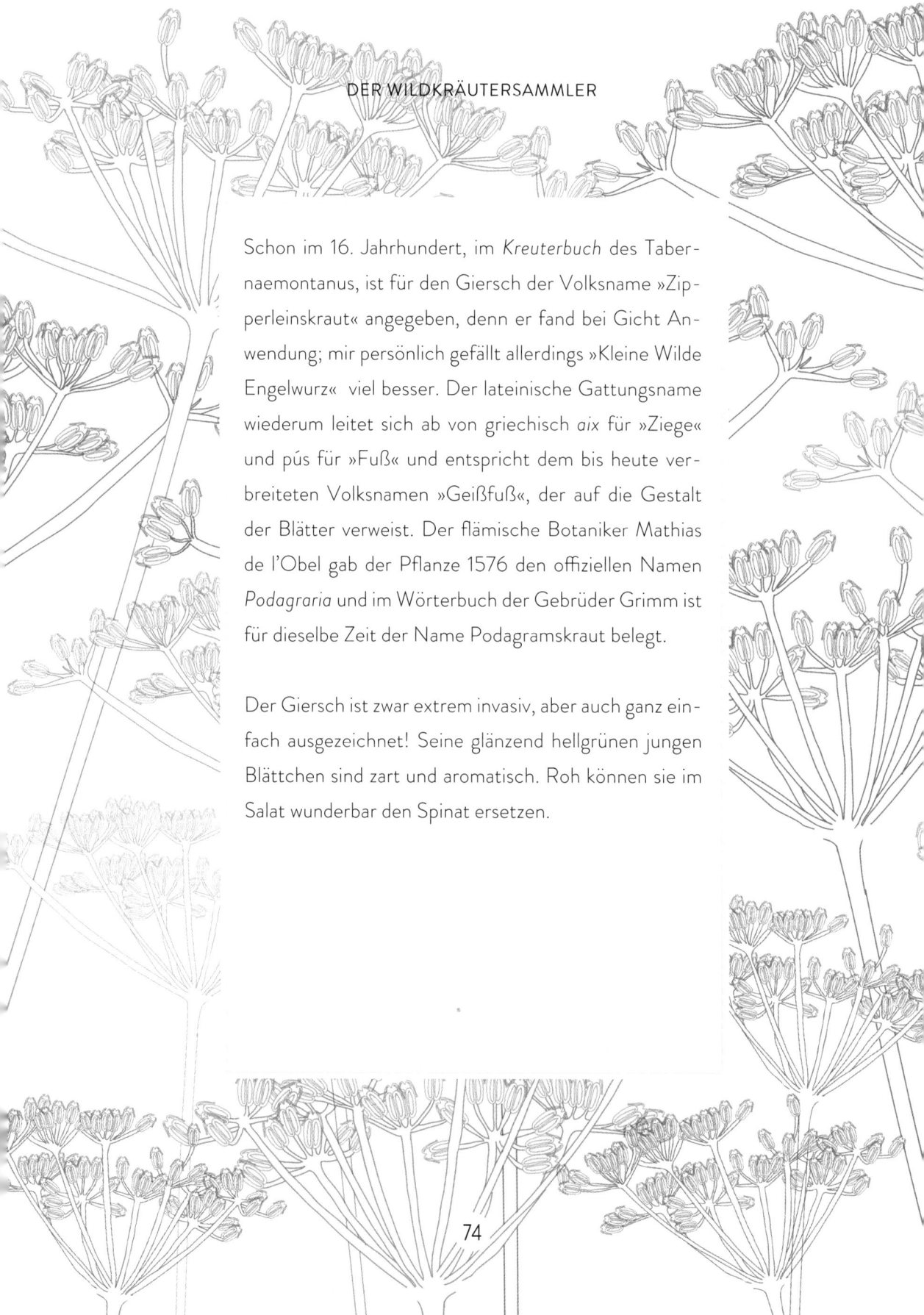

Schon im 16. Jahrhundert, im *Kreuterbuch* des Taber-naemontanus, ist für den Giersch der Volksname »Zip-perleinskraut« angegeben, denn er fand bei Gicht An-wendung; mir persönlich gefällt allerdings »Kleine Wilde Engelwurz« viel besser. Der lateinische Gattungsname wiederum leitet sich ab von griechisch *aix* für »Ziege« und *pús* für »Fuß« und entspricht dem bis heute ver-breiteten Volksnamen »Geißfuß«, der auf die Gestalt der Blätter verweist. Der flämische Botaniker Mathias de l'Obel gab der Pflanze 1576 den offiziellen Namen *Podagraria* und im Wörterbuch der Gebrüder Grimm ist für dieselbe Zeit der Name Podagramskraut belegt.

Der Giersch ist zwar extrem invasiv, aber auch ganz ein-fach ausgezeichnet! Seine glänzend hellgrünen jungen Blättchen sind zart und aromatisch. Roh können sie im Salat wunderbar den Spinat ersetzen.

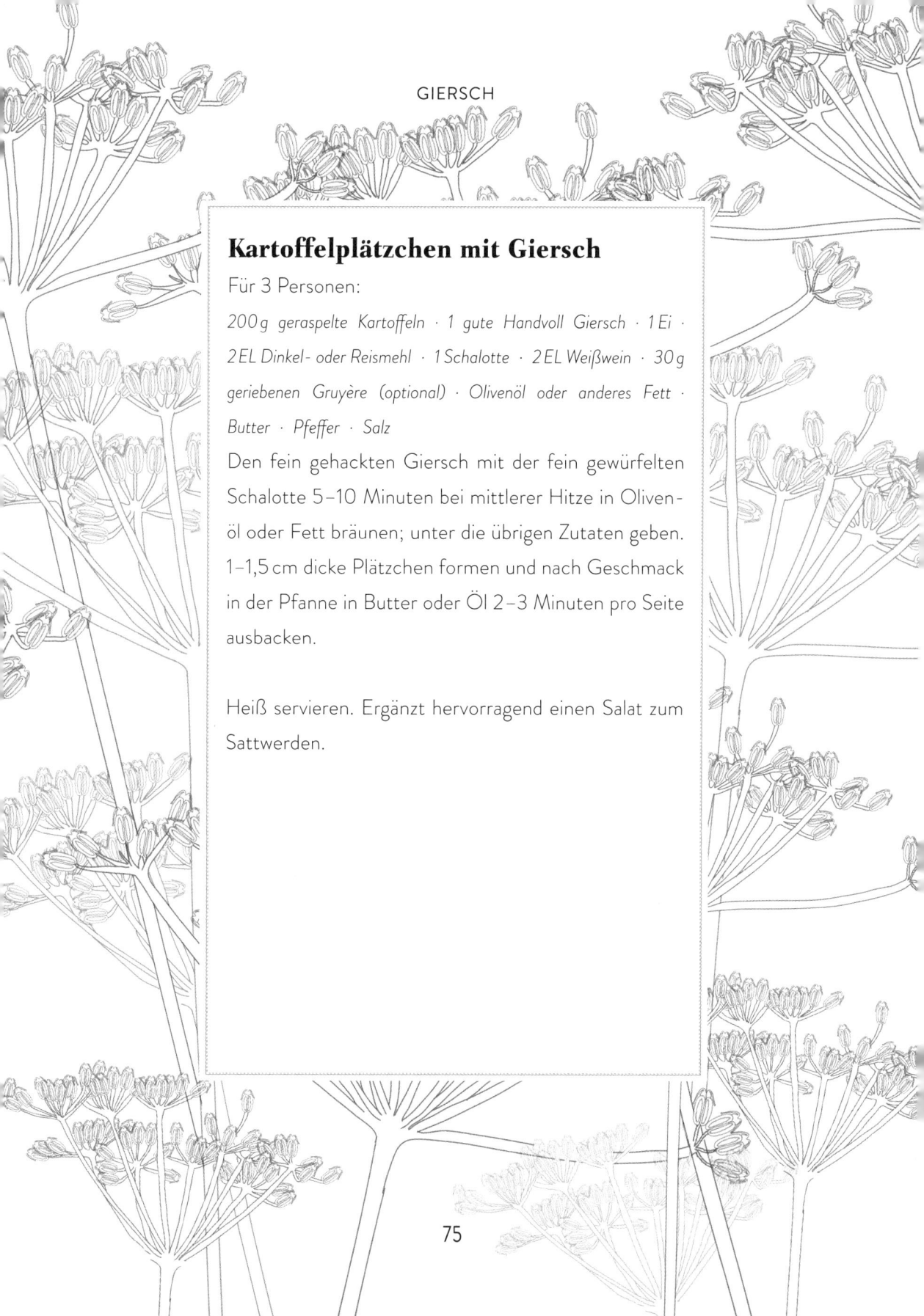

Kartoffelplätzchen mit Giersch

Für 3 Personen:

200 g geraspelte Kartoffeln · 1 gute Handvoll Giersch · 1 Ei · 2 EL Dinkel- oder Reismehl · 1 Schalotte · 2 EL Weißwein · 30 g geriebenen Gruyère (optional) · Olivenöl oder anderes Fett · Butter · Pfeffer · Salz

Den fein gehackten Giersch mit der fein gewürfelten Schalotte 5–10 Minuten bei mittlerer Hitze in Olivenöl oder Fett bräunen; unter die übrigen Zutaten geben. 1–1,5 cm dicke Plätzchen formen und nach Geschmack in der Pfanne in Butter oder Öl 2–3 Minuten pro Seite ausbacken.

Heiß servieren. Ergänzt hervorragend einen Salat zum Sattwerden.

Wald-Ziest

Stachys sylvatica

LIPPENBLÜTENGEWÄCHSE (LAMIACEAE)

Kalender

Erntezeit:
Juli–August

Blütezeit:
Juni–September

Vorkommen

Auf vorwiegend frischen bis feuchten, nährstoff- und humusreichen alkalischen Lehmböden, in Waldstaudenfluren und an Hecken.

Beschreibung

Aufrechte, über Ausläufer sich verbreitende Staude von 40–120 cm Höhe, dicht behaart, weich, häufig verzweigt, mit kräftigem moschusartigem Geruch. Blätter gegenständig, gestielt, haarig, gesägt. Die purpurvioletten, weiß geaderten Blüten stehen meist zu sechst in Scheinquirlen angeordnet zwischen den Hochblättern. Die Früchte sind Klausenfrüchte.

Eigenschaften

Ganze Pflanze: Jean Valnet, dem Mitbegründer der französischen Phyto-Aromatherapie zufolge lindert die Pflanze PMS-Symptome dank ihrer krampflösenden und menstruationsfördernden Wirkung.

»Waldstinkkraut«, »Stinknessel«, »Tote Nessel«, »Krötennessel« – hübsch sind die Volksnamen, die dieser schönen, drüsig behaarten Pflanze im Französischen angehängt wurden. Sie ähnelt der Brennnessel, ohne jedoch zu brennen, und ihre Blüten stehen denen der heimischen Orchideen in nichts nach.

Lassen Sie sich nicht abhalten, auch wenn der Geruch, den der Wald-Ziest freisetzt, zunächst nicht gerade lieblich erscheint: Zerreiben Sie eines der lang gezogenen herzförmigen Blätter nur lange genug zwischen den Fingern, dann verspüren Sie seinen zarten Steinpilzduft, der die Nase wie den Magen kitzelt.

Schon im alten Ägypten wurde der Wald-Ziest zum Einbalsamieren herangezogen. Im Mittelalter verwendete ihn die Volksheilkunde vor allem äußerlich gegen Fisteln und Überbeine, um das Austreten von Eiter zu fördern sowie zur Wundheilung.

Ich persönlich empfehle den Wald-Ziest als Zutat zu Samtsauce oder zu geschmorten Pilzen aus der Pfanne; die jungen Triebe verfeinern Salate aufs Schönste.

Wald-Ziest-Süppchen
mit feinem Pilzgeschmack

500 g Blätter oder junge Triebe vom Wald-Ziest · 1l Was-
ser · 3 El Sojasoße · 1 EL Zitronensaft · 30 g Butter oder
Walnussöl · 1 Knoblauchzehe · Pfeffer · Salz

Den Ziest grob hacken. $^2/_3$ der Menge 10 Minuten
lang kochen. Vom Herd nehmen und abkühlen lassen. Das verbliebene Drittel Ziest zugeben und alles
pürieren, dabei nach und nach die übrigen Zutaten
zugeben. Mit Pfeffer und Salz abschmecken.

Auf Wunsch mit Knoblauch-Croûtons garnieren.
Heiß servieren.

Kletten-Labkraut

Galium aparine

RÖTEGEWÄCHSE
(RUBIACEAE)

Kalender

Blütezeit:
Juni–August

Fruchtreife:
Juli–Oktober

Ernte:
Früchte sammeln, wenn sie braun werden.

Vorkommen

Verbreitet auf nährstoffreichen Böden in Waldstaudenfluren, an Hecken und in Parks. Wächst sehr häufig in der Nähe menschlicher Siedlungen.

Beschreibung

Einjährige Pflanze von 50–150 cm Höhe. Klimmt an anderen Pflanzen dank der in ganzer Länge mit rückwärts gekrümmten Stachelborsten besetzten vierkantigen Stängel. Blätter zu 6 bis 9 in Quirlen angeordnet. Aus 2 mit Hakenborsten besetzten Spaltfrüchten (kleinen Trockenfrüchten) zusammengesetzte kugelige Frucht.

Eigenschaften

Ganze Pflanze: Jean Valnet (siehe Wald-Ziest) zufolge gute harntreibende Wirkung.

Gegenanzeige

In großen Mengen eingenommen kann die Pflanze leberschädigend wirken.

Wer keine Lust hat, sich bei der Ernte übermäßig anzustrengen, ist mit dem Kletten-Labkraut genau richtig bedient: Da seine Stängel an allem hängen bleiben, brauchen Sie nur eine Handvoll zu greifen und daran zu ziehen, schon haben Sie die Ernte der Woche in der Hand. Nicht einmal ein Korb zum Heimtragen ist nötig, denn dieses Kraut hält sich ganz von selbst an Ihren Kleidern fest!

Mit dem Verzehr allerdings geht es nicht ganz so schnell vonstatten, denn aufgrund der Kletthaare, die diesem Kraut seinen Namen geben (Klebgras ist ein weiterer), ist Kochen unbedingt angeraten. Am aufwendigsten jedoch ist das Rösten der kleinen Trockenfrüchte, um sie als »Arme-Leute-Kaffee« zu genießen, wie die Pflanze im 19. Jahrhundert in England und Irland genannt wurde.

Also eine Pflanze für Faulenzer? Wohl doch eher nicht …

Karotten-Zitronen-Klebgras-Saft

5 Karotten und 1–2 Handvoll Klebgras entsaften; Saft einer halben Zitrone zugeben.

Der Saft wilder Kräuter kann starke Wirkung entfalten; steigern Sie die Dosis nach und nach auf maximal drei Glas pro Tag.

Reiner Klebgrassaft hilft übrigens hervorragend bei rissiger Haut; bringen Sie ihn dazu direkt auf die betroffenen Hautpartien auf.

In der Natur werden Sie andere Pflanzen finden, die dem Kletten-Labkraut ähneln. Auch sie gehören zu den Labkräutern, doch die wenigsten sind mit Hakenborsten besetzt. Nicht alle dieser Pflanzen sind gut verträglich; keine jedoch ist richtig giftig.

Weiße Taubnessel

Lamium album
LIPPENBLÜTENGEWÄCHSE
(LAMIACEAE)

Kalender

Erntezeit:
Mai–September
Blütezeit:
April–Oktober

Vorkommen

Bevorzugt frische, stickstoffreiche Standorte (genau wie die Brennnessel) mit vorzugsweise alkalischem Boden. Anzutreffen an Wegrändern und unter Hecken, in Obstgärten, Parks und auf Brachland. Wächst in den Alpen bis in Höhen von 2000 m.

Beschreibung

Behaarte, mehrjährige Staude von 20–60 cm Höhe mit vierkantigem Stängel und kriechendem Wurzelstock. Laub kreuzgegenständig; Blatt dreieckig-oval, spitz auslaufend, mit gezähntem Rand wie die Brennnessel (daher die große Ähnlichkeit). 15–25 mm große weiße zweilippige Blüten, die in Scheinquirlen von 5 bis 10 Blüten in den Blattachseln stehen. Die Frucht (Klausenfrucht) enthält 4 kleine Trockenfrüchte, die kreuzförmig angeordnet am Grund des Blütenbodens liegen.

Eigenschaften

Blütenstand: Entzündungshemmend, harntreibend, antimikrobiell, adstringierend, reich an Antioxidantien.

Die Blüte in Form eines geöffneten Mäulchens gab den Anlass für den botanischen Namen, der sich von griechisch *lámos* herleitet – wörtlich »Schlund«. Die Lamien des griechischen Volksglaubens waren unersättliche menschenfressende Scheusale. Ein Teil des deutschen Namens verweist auf die Brennnessel, mit der die Pflanze äußerlich große Ähnlichkeit hat, ohne jedoch selbst Brennhaare zu besitzen.

Probieren Sie auf einem Spaziergang zunächst einmal die hübschen weißen Blüten, deren Duft zahlreiche Nektarsammler anlockt; diesen lassen wir natürlich etwas übrig.

Interessant sind nicht nur die heilenden Eigenschaften (unter anderem wird die Weiße Taubnessel seit Jahrhunderten gegen Gicht eingesetzt), sondern auch die kosmetischen Anwendungen, beispielsweise bei fettenden Haaren, Kopfschuppen und erweiterten Äderchen.

Dieses Kraut sorgt dafür, dass niemand scheußlich aussehen muss!

Tee von Weißen Taubnesseln

20 g getrocknete Blütenstände mit ½ l kochendem Wasser aufgießen und nicht länger als 6 Minuten ziehen lassen; über den Tag verteilt trinken. Dieser Kräutertee wird bei Verdauungsstörungen, bei Bronchitis und starker Regelblutung empfohlen.

Die Taubnessel ist frisch wie gekocht ein gutes Wildgemüse. Nutzen Sie das aus: Kochen Sie sich ein »Nesselsüppchen«, das garantiert nicht brennt!

Gewöhnlicher Gundermann

Glechoma hederacea

LIPPENBLÜTENGEWÄCHSE
(LAMIACEAE)

Kalender

Laubaustrieb:
April–August; bleibt ganzjährig grün.
Blütezeit:
April–Juni

Vorkommen

Verbreitet auf Brachland und Wiesen
und am Gehölzrand, in den Alpen bis
auf 1600 m Höhe; an halbschattigem
Standort auf vorwiegend alkalischen
Lehmböden.

Beschreibung

Bodennahe, teppichbildende mehrjährige Staude; treibt im Frühjahr bis
40 cm hohe Blütentriebe mit violetten
Blüten in Gruppen von 2–3. Herzför-
miges, gekerbtes Blatt. In 4 Teilfrüchte
zerfallende Klausenfrucht.

Eigenschaften

Blütenstand: Antiseptisch, entzündungshemmend, auswurffördernd, wirkt
gegen Bronchialkatarrh.

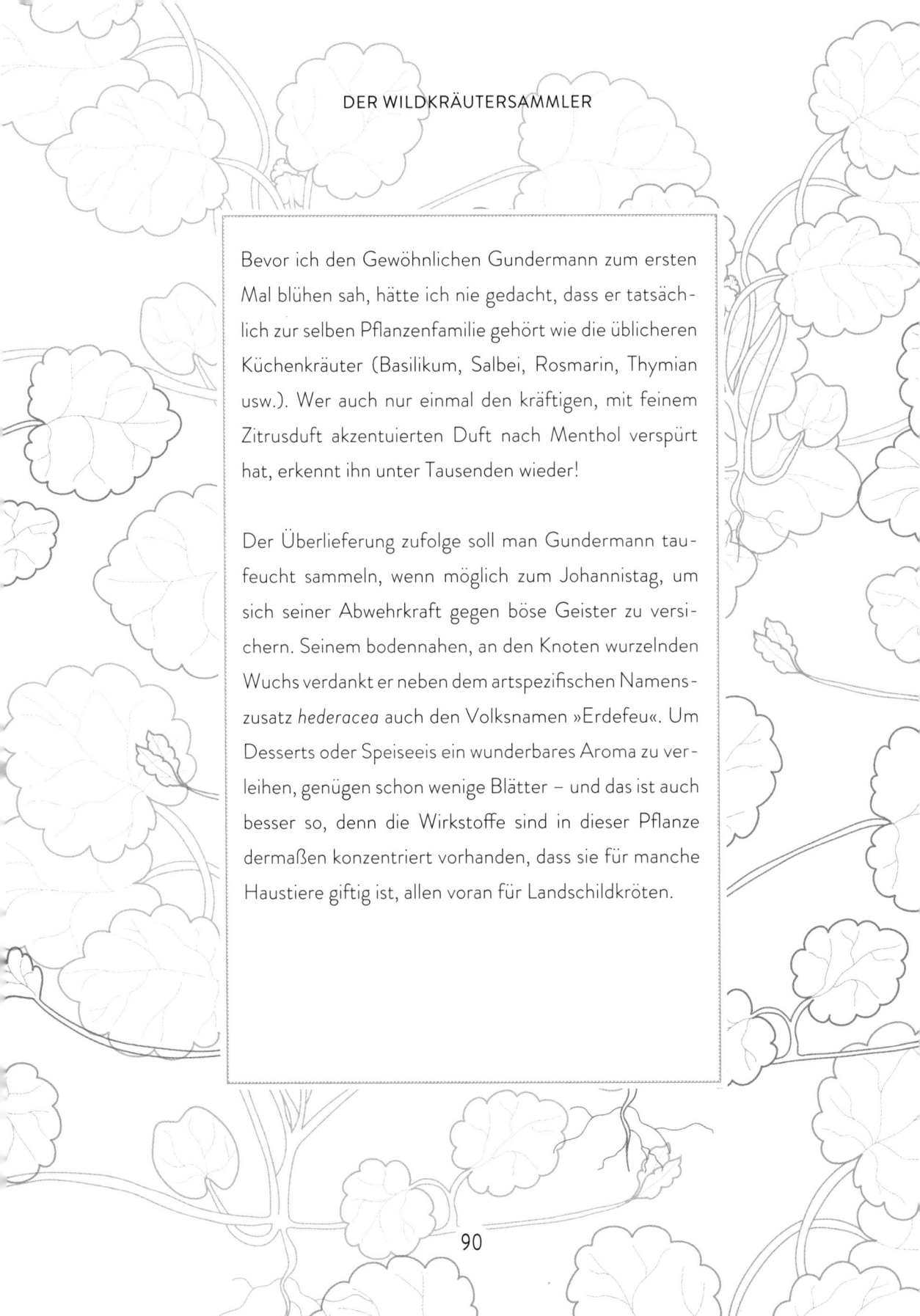

Bevor ich den Gewöhnlichen Gundermann zum ersten Mal blühen sah, hätte ich nie gedacht, dass er tatsächlich zur selben Pflanzenfamilie gehört wie die üblicheren Küchenkräuter (Basilikum, Salbei, Rosmarin, Thymian usw.). Wer auch nur einmal den kräftigen, mit feinem Zitrusduft akzentuierten Duft nach Menthol verspürt hat, erkennt ihn unter Tausenden wieder!

Der Überlieferung zufolge soll man Gundermann taufeucht sammeln, wenn möglich zum Johannistag, um sich seiner Abwehrkraft gegen böse Geister zu versichern. Seinem bodennahen, an den Knoten wurzelnden Wuchs verdankt er neben dem artspezifischen Namenszusatz *hederacea* auch den Volksnamen »Erdefeu«. Um Desserts oder Speiseeis ein wunderbares Aroma zu verleihen, genügen schon wenige Blätter – und das ist auch besser so, denn die Wirkstoffe sind in dieser Pflanze dermaßen konzentriert vorhanden, dass sie für manche Haustiere giftig ist, allen voran für Landschildkröten.

Avocado-Eis mit Gundermannsirup

2 Avocados, in Stücke geschnitten und tiefgefroren · 10 Gundermannblätter · 1 EL Zitronensaft · Für den Sirup (der übrigens auch bei Husten und bei Bronchitis hilft): 200 g frische gehackte Gundermannblätter · 1700 g Rohzucker

Gehackten Gundermann mit 1 l kochendem Wasser übergießen und 20 Minuten ziehen lassen. Abseihen und den Zucker zugeben; aufkochen lassen und etwa 10 Minuten simmern. Den Zitronensaft über die gefrorenen Avocadostückchen träufeln, pürieren; zum Schluss drei Esslöffel Sirup darübergeben und mit Gundermann-Blättchen dekorieren. Ihr Speiseeis ist fertig. Servieren und guten Appetit!

Alkoholischer Gundermann-Auszug

Auf 100 g der frischen Pflanze 200 ml unvergällten Alkohol geben (zwischen 55 % und 90 %). Zwei Wochen ziehen lassen, abseihen, abfüllen. Bei Bronchitis drei- bis viermal täglich 5–15 Tropfen einnehmen.

Wilde Malve

Malva sylvestris
MALVENGEWÄCHSE
(MALVACEAE)

Kalender

Erntezeit:
Juni–September
Blütezeit:
Juni–September

Vorkommen

In ganz Europa bis auf 800 m Höhe
anzutreffen; nur gelegentlich fehlend.
Bevorzugt vorwiegend stickstoffreiche,
humusarme, trockene, alkalische Lehmböden. Auf gestörten Böden und
Brachland, in Parks, Gemüsegärten
und Wäldern in der Nähe menschlicher
Siedlungen.

Beschreibung

Zwei- bis mehrjährige Pflanze von
30–100 cm Höhe; Laub wechselständig,
ungeteilt, 3- bis 7-fach gelappt mit gekerbtem Rand. Jede der zu zweit oder
mehr in der Blattachsel stehenden Blüten besitzt 5 malvenrosa, 2–3 cm breite
gebuchtete Blütenblätter mit violetten
Längsnerven. Die Blüte weist Kelch
und Nebenkelch auf; die Staubfäden
bilden zusammen eine Röhre. Zahlreiche
Fruchtblätter sind kreisförmig zu einem
Fruchtknoten verwachsen.

Eigenschaften

Blüten und Blätter: Beruhigend, entzündungshemmend, hustenstillend, hautregenerierend.

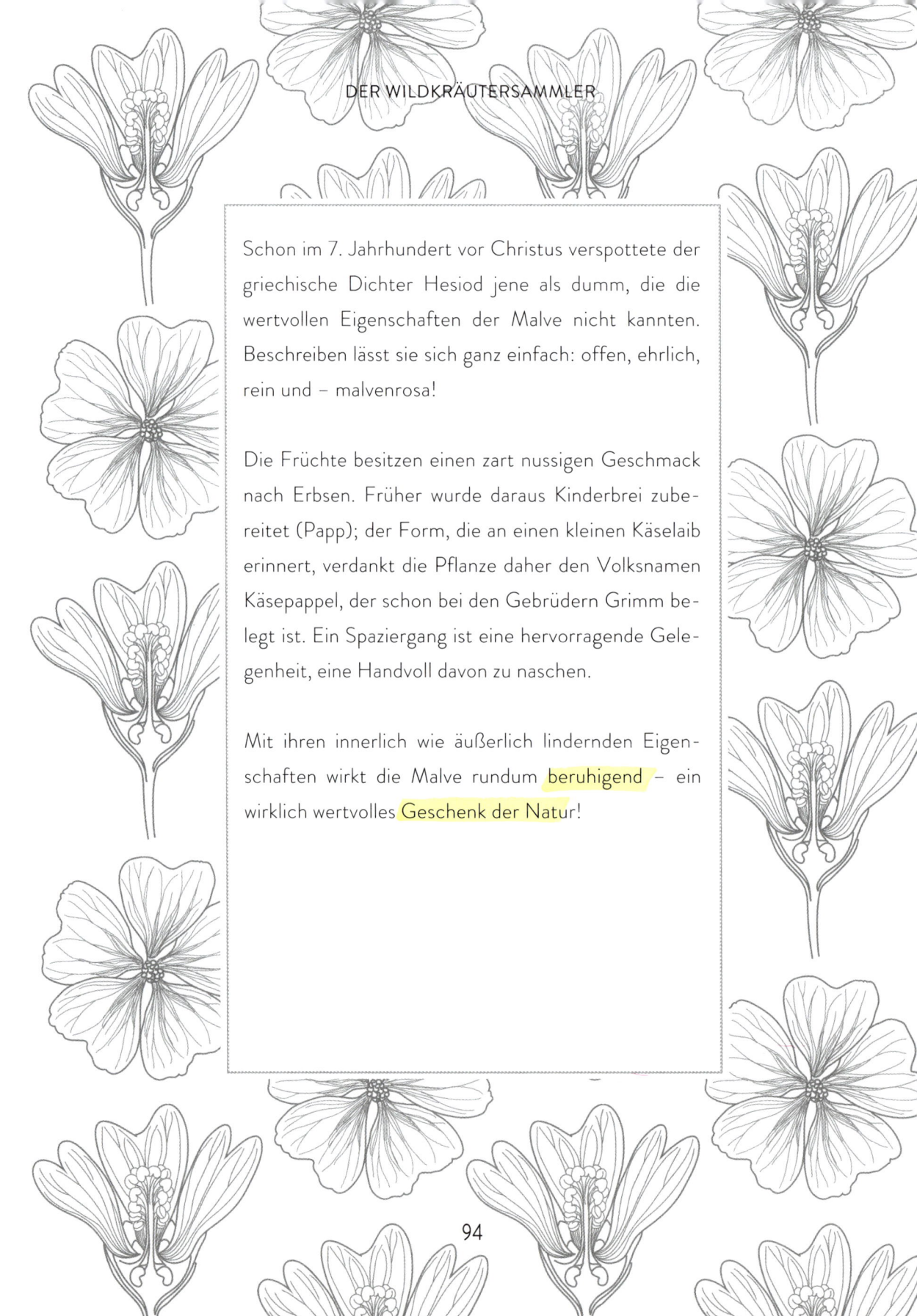

Schon im 7. Jahrhundert vor Christus verspottete der griechische Dichter Hesiod jene als dumm, die die wertvollen Eigenschaften der Malve nicht kannten. Beschreiben lässt sie sich ganz einfach: offen, ehrlich, rein und – malvenrosa!

Die Früchte besitzen einen zart nussigen Geschmack nach Erbsen. Früher wurde daraus Kinderbrei zubereitet (Papp); der Form, die an einen kleinen Käselaib erinnert, verdankt die Pflanze daher den Volksnamen Käsepappel, der schon bei den Gebrüdern Grimm belegt ist. Ein Spaziergang ist eine hervorragende Gelegenheit, eine Handvoll davon zu naschen.

Mit ihren innerlich wie äußerlich lindernden Eigenschaften wirkt die Malve rundum beruhigend – ein wirklich wertvolles Geschenk der Natur!

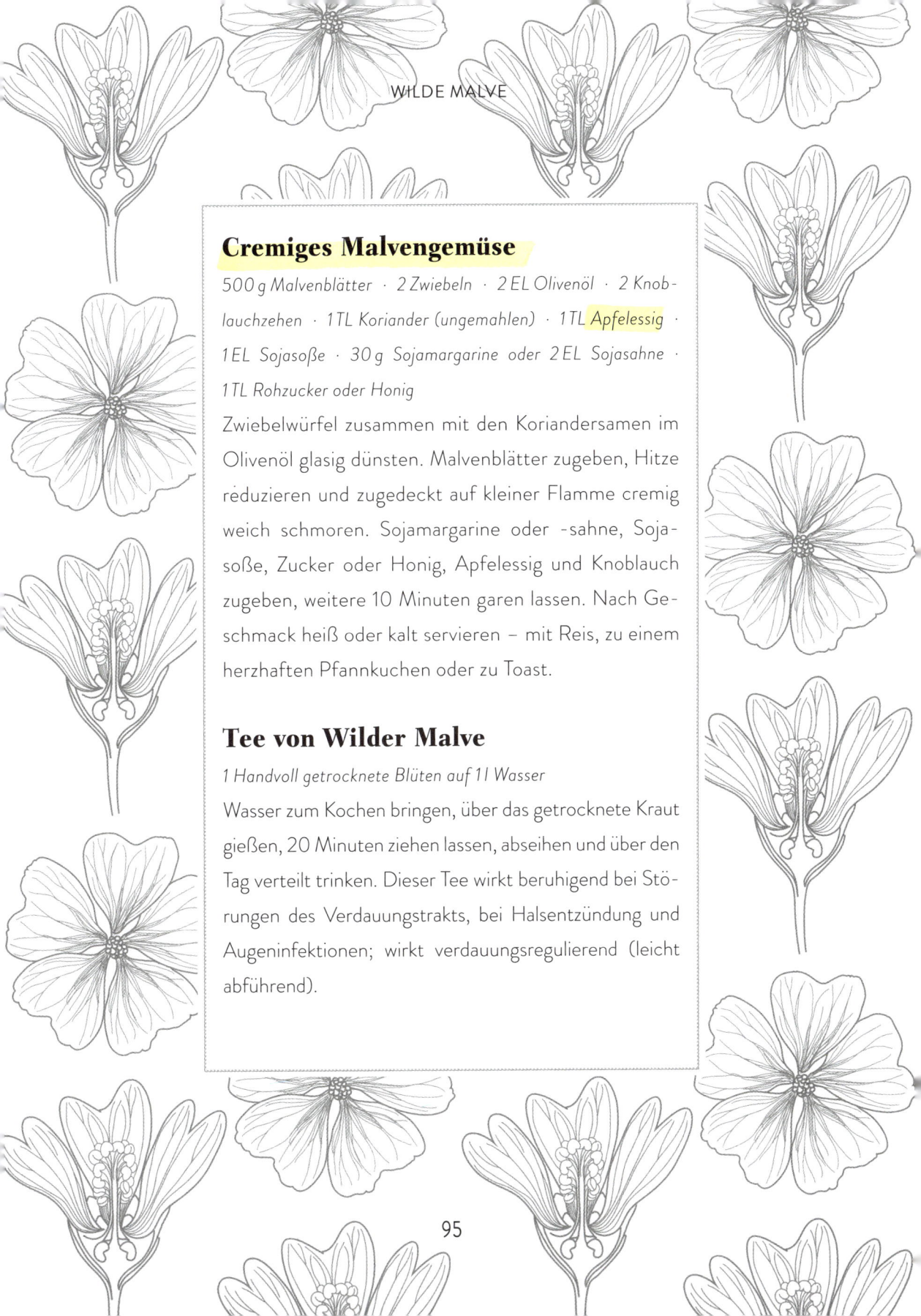

Cremiges Malvengemüse

*500 g Malvenblätter · 2 Zwiebeln · 2 EL Olivenöl · 2 Knob-
lauchzehen · 1 TL Koriander (ungemahlen) · 1 TL Apfelessig ·
1 EL Sojasoße · 30 g Sojamargarine oder 2 EL Sojasahne ·
1 TL Rohzucker oder Honig*

Zwiebelwürfel zusammen mit den Koriandersamen im
Olivenöl glasig dünsten. Malvenblätter zugeben, Hitze
reduzieren und zugedeckt auf kleiner Flamme cremig
weich schmoren. Sojamargarine oder -sahne, Sojasoße, Zucker oder Honig, Apfelessig und Knoblauch
zugeben, weitere 10 Minuten garen lassen. Nach Geschmack heiß oder kalt servieren – mit Reis, zu einem
herzhaften Pfannkuchen oder zu Toast.

Tee von Wilder Malve

1 Handvoll getrocknete Blüten auf 1 l Wasser

Wasser zum Kochen bringen, über das getrocknete Kraut
gießen, 20 Minuten ziehen lassen, abseihen und über den
Tag verteilt trinken. Dieser Tee wirkt beruhigend bei Stö-
rungen des Verdauungstrakts, bei Halsentzündung und
Augeninfektionen; wirkt verdauungsregulierend (leicht
abführend).

Echter Venusnabel

Umbilicus rupestris
DICKBLATTGEWÄCHSE
(CRASSULACEAE)

Kalender

Laubaustrieb:
März

Blütezeit:
April – Juli

Vorkommen

In alten Mauern und in Felsritzen auf Silikatgestein; nicht im deutschsprachigen Raum zu finden, dafür etwa in der Bretagne und im Mittelmeerraum.

Beschreibung

Mehrjährige Staude von 10 – 30 cm Höhe, kahl, mit knolligem Wurzelstock und spärlich beblätterten Trieben. Blatt langgestielt, rundlich, schildförmig mit einer Vertiefung in der Mitte (daher der Bauchnabelvergleich) und mit gekerbtem Rand. Sukkulente Pflanze mit weichfleischigem Blatt. Lange Blütentraube mit zahlreichen hängenden, gelblich-weißen Blüten.

Eigenschaften

Blüten und Blätter: Beruhigend, lindernd, entzündungshemmend, hustenstillend, hautregenerierend.

Die rundlichen, in der Mitte leicht vertieften, knacki-
gen Blätter haben der Pflanze den wunderbaren Volksnamen »Venusnabel« eingetragen sowie im Französischen – etwas weniger verführerisch, sondern eher
keusch – »Ohr der Äbtissin«.

Bei Plinius war diese reizende Pflanze eine unverzicht-
bare Zutat zu seinem Liebestrank.

Einerseits fühlt sich der Echte Venusnabel an feuchten, schattigen Standorten wohl; andererseits sagen
ihm Höhenlagen zu – im Nationalpark Mercantour in
den Seealpen ist er bis auf 1200 m Höhe anzutreffen!
Der Venusnabel wird den Sukkulenten zugerechnet,
einer Pflanzengruppe, die sich durch besonders dicke, fleischige Blätter auszeichnet. Venusnabelblätter
schmecken frisch als kleine Knabberei auf der Wande-
rung, aber auch im Salat, und sie halten sich hervorragend, wenn man sie wie Gürkchen in Essig einlegt.

Allzu unbedenklich sollte man von dieser Göttin jedoch
nicht sammeln: Bei den Blütenständen ist Zurückhal-
tung geboten, denn diese sind ausgesprochen bitter!

Appetithappen:
Venusnabelpesto auf ganzem Blatt

1 Handvoll Venusnabelblätter · 4 EL geröstete Haselnüsse (bei 180 °C im Backofen, bis die Haut sich löst) · 6 EL Olivenöl · 1 EL Zitronensaft · 1 Prise Salz

Die Hälfte der Venusnabelblätter hacken. Die gerösteten Nüsse im Mörser zerstoßen, die gehackten Blätter sowie Öl, Zitronensaft und Salz zugeben und alles zu einem Pesto verarbeiten. Die zurückbehaltenen ganzen Blätter jeweils mit etwas Pesto besetzen und als Vorspeise servieren.

Die ganze Pflanze (bis auf die Blütenstände) ist essbar, beispielsweise im Salat.

Pflaster aus der Natur

Wenn Sie von einem Venusnabelblatt die dünne durchsichtige Außenhaut abziehen, haben Sie ein Pflaster, das vor allem bei Hautabschürfungen und Hühneraugen hilft.

Große Brennnessel

Urtica dioïca

BRENNNESSELGEWÄCHSE (URTICACEAE)

Kalender

Erntezeit: Juni–September
Blütezeit: Juni–Oktober

Vorkommen

Bevorzugt frische, nähr- und stickstoffreiche Böden; häufig am Wald- und Ge-
büschrand und in der Nähe menschlicher
Siedlungen. Wächst in den Alpen bis in
eine Höhe von 2100 m.

Beschreibung

Mit Brennhaaren besetzte zweihäusige
mehrjährige Staude von 40–200 cm
Höhe; breitet sich über Rhizome aus.
Gegenständige Blätter mit freien Ne-
benblättern und gesägtem Blattrand.
Die winzigen Blüten stehen in Rispen
angeordnet nach Geschlecht getrennt
auf unterschiedlichen Pflanzen; die
männlichen Blüten stehen aufrecht, die
weiblichen hängen. Der herabhängende
Samenstand trägt runde, etwa 0,8 mm
große Nüsschen.

Eigenschaften

Laub: Harntreibend, blutdrucksenkend,
entzündungshemmend, reich an Antioxi-
dantien, remineralisierend, wirkt gegen
Blutarmut, antiallergisch.
Wurzeln: Entzündungshemmend, das
Immunsystem stimulierend, lindern
Beschwerden der gutartigen Prosta-
tavergrößerung, cholesterinsenkend.

In Japan heißt es, Gott sei in einer Brennnessel zu finden; in Frankreich warf früher der Mönch, der sein Gelübde zurücknahm, »seine Kutte in die Nesseln«. Wir lieben sie nicht gerade – sie brennt, sie duftet nicht und ihre Farbe macht auch nicht viel her. Und doch – welch reicher Schatz!

Die Brennnessel ist die Kinderstube zahlreicher Schmetterlinge, Käfer und Wanzen. Etliche Lebewesen nährt und heilt sie, darunter auch uns, und wir verarbeiten sie seit Jahrhunderten zu Stoffen, Seilen, Dünger und vielem mehr. Ötzi, die seit der Jungsteinzeit erhaltene Mumie aus dem Alpental, trug ein Messer bei sich, dessen Griff mit Brennnesselschnur umwickelt war.

Wollte ich alle Heilwirkungen beschreiben, müsste ich dieser einen Pflanze dieses ganze Büchlein widmen (und dafür passenderweise Papier aus Brennnesselfasern wählen)!

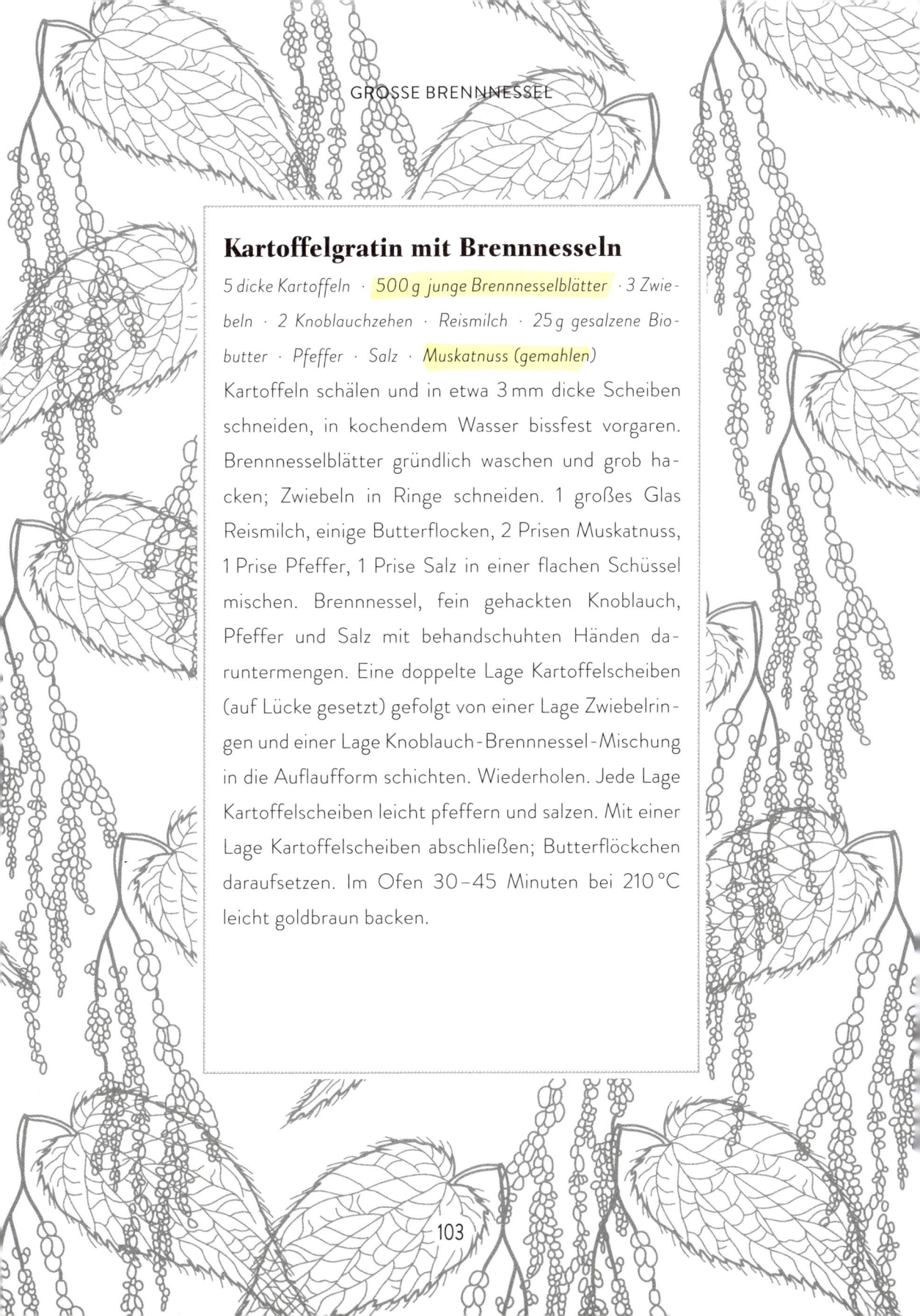

Kartoffelgratin mit Brennnesseln

5 dicke Kartoffeln · 500 g junge Brennnesselblätter · 3 Zwiebeln · 2 Knoblauchzehen · Reismilch · 25 g gesalzene Biobutter · Pfeffer · Salz · Muskatnuss (gemahlen)

Kartoffeln schälen und in etwa 3 mm dicke Scheiben schneiden, in kochendem Wasser bissfest vorgaren. Brennnesselblätter gründlich waschen und grob hacken; Zwiebeln in Ringe schneiden. 1 großes Glas Reismilch, einige Butterflocken, 2 Prisen Muskatnuss, 1 Prise Pfeffer, 1 Prise Salz in einer flachen Schüssel mischen. Brennnessel, fein gehackten Knoblauch, Pfeffer und Salz mit behandschuhten Händen daruntermengen. Eine doppelte Lage Kartoffelscheiben (auf Lücke gesetzt) gefolgt von einer Lage Zwiebelringen und einer Lage Knoblauch-Brennnessel-Mischung in die Auflaufform schichten. Wiederholen. Jede Lage Kartoffelscheiben leicht pfeffern und salzen. Mit einer Lage Kartoffelscheiben abschließen; Butterflöckchen daraufsetzen. Im Ofen 30–45 Minuten bei 210 °C leicht goldbraun backen.

Großer Sauerampfer

Rumex acetosa

KNÖTERICHGEWÄCHSE (POLYGONACEAE)

Kalender

Erntezeit:
Mai–Juli
Blütezeit:
Mai–Juli

Vorkommen

Bevorzugt überwiegend feuchte, saure
Standorte mit mehr oder weniger
humus- und nährstoffreichem Boden.
Auf Wiesen, an Wegrändern, an Fluss-
und Bachufern.

Beschreibung

Zweihäusige mehrjährige Staude von
30–100 cm Höhe. Wechselständiges
pfeilförmiges Laub; grundständige
Blätter lang gestielt, Stängelblätter
stängelumfassend. Zu Rispen zusammengefasste rötlich-grüne Blüten. Die
spitz zulaufenden Nussfrüchte sind von
herzförmigen Valven eingehüllt.

Eigenschaften

Laub: Harntreibend, reich an Vitamin C.

Gegenanzeigen

Zu meiden bei Nierenproblemen
sowie bei Neigung zu Nierenstei-
nen (besonders solchen, die durch
Oxalsäure verursacht sind, aber
auch bei arthritischem und rheuma-
tischem Auslöser).

Das lateinische Wort *rumex* bedeutet »spitzes Wurfgeschoss«, was das pfeilförmige Blatt des Sauerampfers hervorragend beschreibt. Die Römer und die Ägypter gleichermaßen wussten den Sauerampfer aufgrund seiner verdauungsfördernden Eigenschaften zu schätzen. Seit dem Mittelalter wird die an Vitamin C und E reiche Pflanze als wirksame Vorbeugung gegen Skorbut angewendet, wie Jules Verne in seinem Roman *Die geheimnisvolle Insel* erzählt. Gewiss ist dies auch der Grund, warum ihn die ersten englischen Siedler mit nach Kanada nahmen, wo er inzwischen eingebürgert ist. Zu Großmutters Zeiten wurden daraus Suppen und Aufläufe in Hülle und Fülle bereitet. Zwar wird Sauerampfer aufgrund seines Oxalsäuregehalts heute eher sparsam verwendet, doch er gilt weiterhin als auserlesenes Wildgemüse, das etwa zeltende Selbstversorger gern direkt vor Ort nutzen. Mit seinem kräftig-säuerlichen Geschmack ist er eine Bereicherung für jede Mahlzeit, ob als Zutat oder als sparsame Würze. Darüber hinaus ist Sauerampfer die Lebensgrundlage so mancher Schmetterlingsart – neben den Raupen des Dukatenfalters und verschiedener Feuerfalter ernähren sich von ihm auch diverse Nachtfalterraupen.

Kalte Sauerampfertunke

4 Handvoll Sauerampferblätter · 100 g Mandelmus · 1 EL Senf · 1 EL Sojasoße · 5 EL Olivenöl · schwarzer Pfeffer

Den Hauptteil der Sauerampferblätter 2 Minuten in Wasser schwimmend kochen. Abgießen, um den Gehalt an Oxalsäure bestmöglich zu reduzieren. Die zurückbehaltenen rohen Blätter und sämtliche übrigen Zutaten im Mixer pürieren, zum Schluss auch den gekochten Sauerampfer zugeben und zu einer cremigen Soße verarbeiten.

Diese Tunke passt hervorragend zu rohem wie gekochtem Gemüse und zu Fisch.

Linderung aus der Natur

Reiben Sie Insektenstiche oder Brennnesselquaddeln mit einem frischen zerknüllten Sauerampferblatt ein, um den Juckreiz bzw. das Brennen zu stillen.

Echter Pastinak

Pastinaca sativa

DOLDENGEWÄCHSE (APIACEAE)

Kalender

Laubaustrieb:
April/Mai
Blütezeit:
Juli – September
Erntezeit:
August (Früchte), Herbst (Wurzel)

Vorkommen

Bevorzugt alkalische, überwiegend trockene, vorwiegend tonige Böden. Zu finden am Wegrand, auf Wiesen und in Obstgärten. Wächst in den Alpen bis auf 1350 m Höhe.

Beschreibung

Zweijährige Pflanze von 40 – 120 cm Höhe mit fleischiger weißer Pfahl-wurzel (Rübe) und relativ stark gefurchtem, kantigem, behaartem Stängel. Blatt unpaarig gefiedert mit gelappten, gesägten Fieder-blättchen. Kleine gelbe Blüten, zu Doppeldolden mit 8 – 20 Neben-achsen von mehr als 4 cm Länge zusammengefasst. 5 – 7 mm lange, ovale Frucht (in geflügelte Teil-früchte zerfallende Doppelachäne).

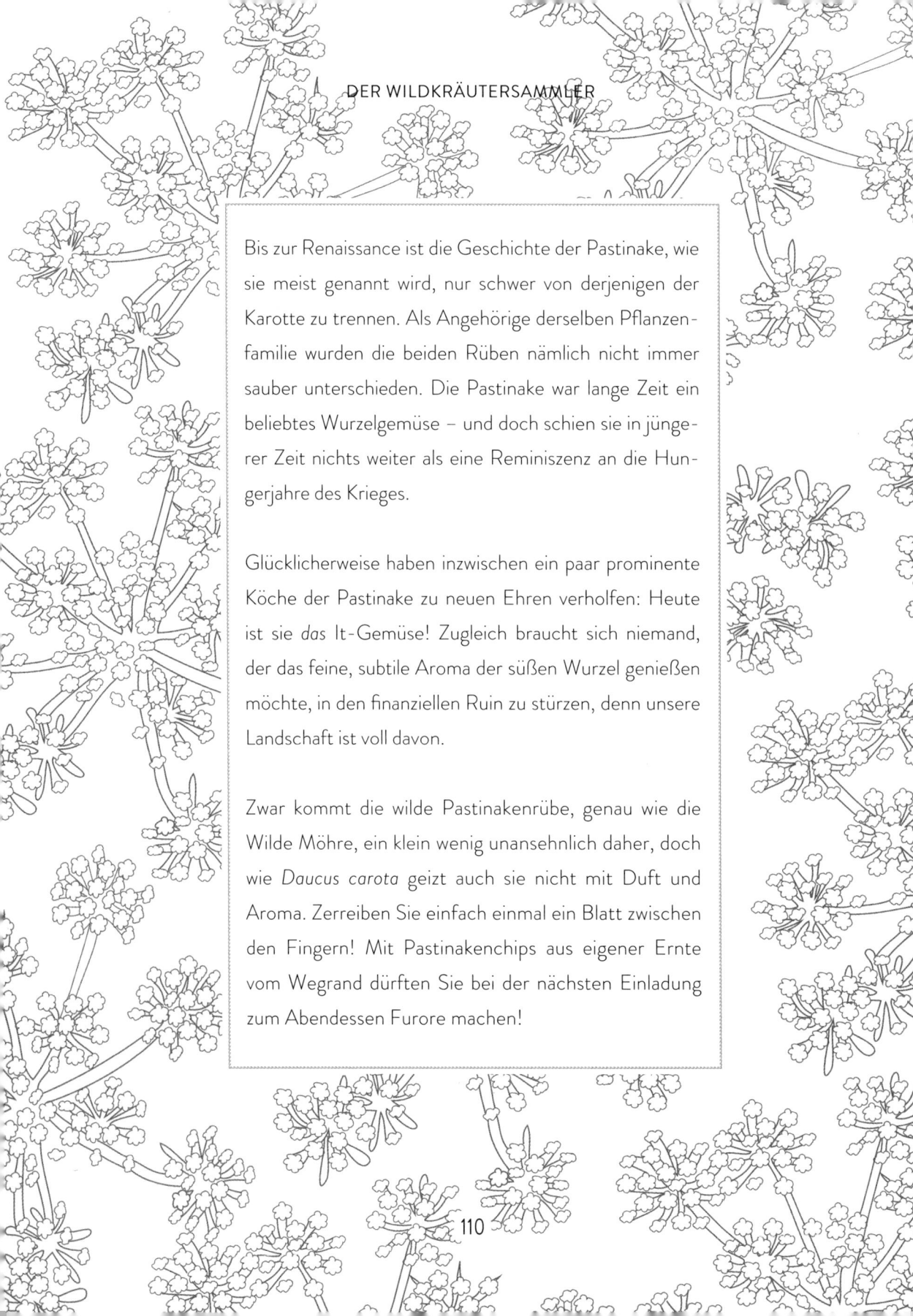

Bis zur Renaissance ist die Geschichte der Pastinake, wie sie meist genannt wird, nur schwer von derjenigen der Karotte zu trennen. Als Angehörige derselben Pflanzenfamilie wurden die beiden Rüben nämlich nicht immer sauber unterschieden. Die Pastinake war lange Zeit ein beliebtes Wurzelgemüse – und doch schien sie in jüngerer Zeit nichts weiter als eine Reminiszenz an die Hungerjahre des Krieges.

Glücklicherweise haben inzwischen ein paar prominente Köche der Pastinake zu neuen Ehren verholfen: Heute ist sie *das* It-Gemüse! Zugleich braucht sich niemand, der das feine, subtile Aroma der süßen Wurzel genießen möchte, in den finanziellen Ruin zu stürzen, denn unsere Landschaft ist voll davon.

Zwar kommt die wilde Pastinakenrübe, genau wie die Wilde Möhre, ein klein wenig unansehnlich daher, doch wie *Daucus carota* geizt auch sie nicht mit Duft und Aroma. Zerreiben Sie einfach einmal ein Blatt zwischen den Fingern! Mit Pastinakenchips aus eigener Ernte vom Wegrand dürften Sie bei der nächsten Einladung zum Abendessen Furore machen!

Pastinaken-Schmorpfanne

500 g Blätter, junge Triebe und Rüben vom Echten Pastinak · 10 kleine trockene Pastinakensamen · 1 Zwiebel · 2 Kartoffeln · 3 Knoblauchzehen · je 1 Zweig Thymian und Rosmarin · Wasser · Olivenöl · 1 TL Salz · 1 Messerspitze Chili

Die fein gehackte Zwiebel im Olivenöl dünsten; wenn sie zu bräunen beginnt, sämtliche klein geschnittenen Teile der Pastinake und die geschälten, in Stücke geschnittenen Kartoffeln zufügen. Etwas Wasser, den zerdrückten Knoblauch, Thymian, Rosmarin, Pastinakensamen, Chili und Salz zugeben. Zudecken und auf kleiner Flamme schmoren, bis alles gut gar und leicht karamellisiert ist.

Achtung: Die nah verwandte Art *Pastinaca sativa* subsp. *urens* ist phototoxisch. Ihre Dolden besitzen jedoch nur 5–8 Nebenachsen von weniger als 4 cm Länge und der Stängel ist nur oberflächlich gefurcht und nicht kantig.

Löwenzahn

Taraxacum
section *Ruderalia* et *Hamata*
KORBBLÜTENGEWÄCHSE
(ASTERACEAE)

Kalender

Erntezeit:
April–September
Blütezeit:
April–Juli

Vorkommen

Anzutreffen auf unterschiedlichsten Böden in Parks und Gärten sowie auf Wiesen und Weiden; Zeigerpflanze für nährstoffreiche Wiesen. Wächst im Hochgebirge teilweise auf über 2500 m Höhe.

Beschreibung

Mehrjährige Staude mit weißem Milchsaft von 10–40 cm Höhe, mit fleischiger Pfahlwurzel. Die mehr oder weniger stark dreieckig gelappten Blätter entspringen als Rosette. Auf dem langen hohlen Blütenstängel steht eine Korbblüte aus gelben Zungenblüten, die nach der Befruchtung von den aufgebogenen Hüllblättern umschlossen werden. Die Früchte (Achänen) sind mit weißen Flugschirmen ausgestattet.

Eigenschaften

Blätter: Harntreibend.
Wurzeln: Präbiotisch (die Darmflora fördernd), leicht abführend.
Blätter und Wurzeln: Appetitanregend, entschlackend, verdauungsfördernd, die Leberfunktion unterstützend.

Schon um das Jahr 1000 priesen die Ärzte Arabiens die Heilwirkung des Löwenzahns und es ist ebenfalls bekannt, dass die Pflanze zur Naturapotheke der Irokesen und anderer indigener Völker Amerikas gehörte. In China wird Löwenzahn seit jeher bei Erkrankungen bis hin zu Krebs und Hepatitis eingesetzt. In Frankreich hingegen entstand im 19. Jahrhundert der leicht makabere Ausdruck »den Löwenzahn von der Wurzel her anknabbern« ... Einen Kräuterwein aus Löwenzahnblüten erhielten Nonnen für die Behandlung ihrer Patienten im Siechenhaus.

Die romantischen Flugschirme des Samenstands – der Pusteblume – trägt schon der leiseste Wind davon; dabei nehmen sie nicht nur die daran hängenden Samen mit, sondern auch die Hoffnungen und Wünsche, die wir ihnen mit auf die Reise geben. Die Reiselust dieser langlebigen Pflanze hat ihr gestattet, sich über so gut wie alle Erdteile zu verbreiten. So besteht keinerlei Risiko, dass sie ausgerottet werden könnte – selbst dann nicht, wenn wir zu jeder Mahlzeit davon essen: Löwenzahn dürfen Sie ohne jede Einschränkung ernten!

Löwenzahnsalat

*Löwenzahnblätter und -wurzeln · Walnusskerne · Walnuss-
öl · Weinessig · Olivenöl · Salz*

Heben Sie junge, noch nicht blühende Löwenzahnro-
setten mit der Schaufel aus dem Boden, ohne dabei die
zarten Wurzeln zu beschädigen. Nehmen Sie bevorzugt
die hellsten, am besten sogar weiße – diese sind weniger
bitter. Sammeln Sie außerdem so viele Blütenknospen
wie möglich. Entfernen Sie schon vor Ort alle Blätter,
die zu hart oder auch beschädigt sind. Weichen Sie die
Löwenzahnpflanzen zu Hause in Wasser ein, um sie von
anhaftender Erde befreien zu können. Mischen Sie in
einer Salatschüssel die Blätter mit einigen Walnussker-
nen und einer Vinaigrette aus Walnussöl und Weinessig.
Löwenzahnwurzeln in etwa 1 cm große Stücke schneiden
und 20–30 Minuten bei mittlerer Hitze mit einer Prise
Salz in Olivenöl dünsten, bis ihr Aroma sich entfaltet und
die Bitterkeit reduziert ist. Etwa 10 Minuten vor Ende der
Kochzeit die Blütenknospen zugeben. Das Pfannenge-
müse warm auf den Salat geben und genießen.

Wer mag, gibt ein zerteiltes hart (oder auch weich) gekochtes Ei hinzu.

Spitzwegerich

Plantago lanceolata
WEGERICHGEWÄCHSE
(PLANTAGINACEAE)

Kalender

Erntezeit:
Mai–Oktober
Blütezeit:
Mai–September

Vorkommen

Bevorzugt auf Böden mit ausgeglichenem Wasser-, Nährstoff- und Humusgehalt und guter Mikrobenaktivität. Gern in Gesellschaft von Gräsern, etwa auf Rasen, Wiesen, an Wegrändern und auf Kulturland. Auch in Höhen bis 2100 m anzutreffen.

Beschreibung

Mehrjährige Staude von 10–60 cm Höhe; zu einer Rosette angeordnete ungestielte Blätter; Blattspreite lanzettlich mit 5–7 parallelen, deutlichen Riefen. Die aus der Rosette entspringenden, sehr langen 5-furchigen Blütenstängel tragen eine kleine, dichte bräunliche Blütenähre mit gelben Staubblättern. Jede der eiförmigen Fruchtkapseln enthält 2–3 Samenkörner.

Eigenschaften

Blatt: Antimikrobiell, entzündungshemmend, antiallergisch, hustenstillend, adstringierend, lindernd, die Wundheilung fördernd, das Immunsystem kräftigend.

Der Spitzwegerich ist eine der ersten Pflanzen, die man als Kind auf dem Land entdeckt, oft gleichzeitig mit der Brennnessel.

Er ist berühmt für seine lindernde Wirkung bei Insektenstichen, Verbrennungen, Juckreiz und Blasen – besonders solchen, die sich nach einem langen Marsch an der Fußsohle (lat. *planta*) bilden.

Plinius und später Hildegard von Bingen wiesen dem Spitzwegerich in ihren Kräuterbüchern einen Ehrenplatz zu. Seinem Verwandten, dem Breitwegerich, gaben die Ureinwohner Amerikas dagegen den Namen »Fuß des Weißen Mannes«, denn er etablierte sich überall dort, wohin die europäischen Siedler den Fuß gesetzt hatten, da ihren Schuhsohlen die winzigen, aus Frankreich oder England mitgeschleppten Samen anhafteten. Der trittfeste Wegerich blieb – wie auch die Siedler – seitdem in Amerika verwurzelt. Er verfügt über einen leichten Pilzgeschmack und wird fast überall seit jeher zu den essbaren Kräutern gerechnet. Seine vielen heilenden Vorzüge spiegeln sich auch in diesem Sprichwort: »Spitzwegerich ist schneller gefunden als ein Doktor!«

Falsche Pilzpastete

1 Tasse Sonnenblumenkerne · ½ Tasse Reismehl · ½ Tasse Nährhefeflocken · 1 Zwiebel in dünnen Scheiben · 2 EL Zitronensaft oder Apfelessig · 1 Kartoffel, gerieben · ½ Tasse Olivenöl · 1½ Tassen Wasser · 2 Tassen sehr fein gehackte junge Blätter und junge Blütenstände vom Spitzwegerich

Alle Zutaten vermengen und in eine flache feuerfeste Form geben. 1 Stunde bei 190 °C im Ofen backen. Abkühlen lassen, aus der Form stürzen, einfach so oder auf Toast genießen.

Wundverband aus der Natur

Frische Blätter vom Spitzwegerich

Eine Mullkompresse und zum Fixieren eine Mullbinde (oder Frischhaltefolie) bereitlegen. Die Spitzwegerichblätter zu Mus zerquetschen, sei es im Mörser, per Hand oder mit dem Küchenmesser. Etwa 2–3 cm dick auf die Wunde auftragen, mit der Kompresse abdecken, mit der Mullbinde (oder der Frischhaltefolie) fixieren. Etwa dreimal täglich wechseln.

Schlehdorn

Prunus spinosa
ROSENGEWÄCHSE (ROSACEAE)

Kalender

Blütezeit:
März/April

Erntereife:
September–Dezember

Vorkommen

Häufiges Vorkommen; bevorzugt auf vorwiegend trockenen, nährstoffreichen Böden in Hecken, am Gehölzrand und auf Freiflächen. Wächst bis in Höhen von 1600 m.

Beschreibung

Bis 5 m hoher, dornenreicher Großstrauch mit eirundem, fein gezähntem, wechselständigem Laub. Kleine weiße Blüten mit 5 Blütenblättern noch vor dem Laubaustrieb; unbehaarter Kelch mit 5 Kelchblättern. Etwa 1 cm kleine schwarze bis pflaumenblaue runde Steinfrüchte (»Schlehen«).

Eigenschaften

Reife Frucht: Adstringierend, fördert die Heilung der Mundschleimhaut, wirkt gegen Durchfall.
Blüten: Leicht abführend, harntreibend.

Kaum ist es Vorfrühling, schon schmückt sich der Schleh- oder auch Schwarzdorn mit Tausenden winzigen weißen Blüten. Nie kann ich mich daran sattsehen. Der zarte Duft versüßt unsere Spaziergänge, die Sträucher markieren Wiesenränder, bilden undurchdringliche Dornenhecken, befestigen Hänge und zeigen dem Vieh unmissverständlich, wo es (nicht) entlanggeht.

Bald schon erscheinen, begleitet vom lauten Gesang von Rotkehlchen und Mönchsgrasmücke, die Schlehen – kleine, bereifte Steinfrüchte in dunklem Pflaumenblau.

Und wir, wir gedulden uns, bis die Schlehen nach dem ersten Frost ein leicht runzliges Aussehen angenommen haben. Erst jetzt ist es Zeit für die Ernte. Nun schmecken die Früchte direkt vom Strauch oder aber in Schnaps eingelegt – so begleiten sie uns durch den Winter, während wir uns schon wieder auf die nächste Schlehdornblüte freuen.

Umeboshi nach europäischer Art

500 g Schlehen · 100 g Meersalz · Schnaps

Schlehen waschen und einige Minuten in Wasser einweichen lassen, abspülen. Ein Weckglas 10 Minuten in kochendem Wasser sterilisieren; Schlehen in das leere Weckglas füllen. Mit etwas Schnaps oder anderem starkem Alkohol beträufeln. 100 g Meersalz zufüllen und gründlich durchmischen, damit das Salz gut in die Früchte einzieht. Schließlich einen sterilisierten runden Stein, etwa einen Flusskiesel, fest auf die Früchte drücken, damit der Fruchtsaft austritt. Das Behältnis mit einem nicht luftdicht schließenden Deckel verschließen. Bis zum ersten Verkosten 4–5 Wochen an einem kühlen dunklen Ort aufbewahren.

Ich serviere diese *umeboshi* (in Salz eingelegte Ume-Früchte) zu Reisgerichten oder aber lasse sie trocknen: Sie sind wunderbar als Beigabe zum Essen. Die zurückgebliebene Flüssigkeit im Glas eignet sich als Grundlage für eine Vinaigrette.

Wilde Rauke

Diplotaxis tenuifolia

KREUZBLÜTENGEWÄCHSE
(BRASSICACEAE)

Kalender

Erntezeit:
Juni – Oktober
Blütezeit:
Mai – Oktober

Vorkommen

Wächst an Wegen, in Parks, auf
Schuttplätzen und Brachflächen.
Bevorzugt vorwiegend trockenen
Boden.

Beschreibung

Mehrjährige Staude von 30 –
100 cm Höhe. Grundständige Blätter stark eingeschnitten; etwa 7 mm
große schwefelgelbe Kreuzblüten
(4 Blütenblätter). Samen zweireihig
in aufrecht stehenden Schoten.

Eigenschaften

Ganze Pflanze: Auswurffördernd,
reich an Antioxidantien.

An Salat wird es Ihnen auf Ihren Wegen nicht mangeln!

Tatsächlich finden sich etliche im Handel angebotene Blattsalate in ihrer Wildform in unserer Natur, darunter auch so edle Arten wie Feldsalat und Rauke (Rucola). Wer das erste Mal Wilde Rauke gepflückt hat – Blättchen für Blättchen –, dem dürfte zugleich klar geworden sein, warum der Rucola im Laden mehr kostet als Kopf- oder Eisbergsalat!

Die Wilde Rauke besitzt das gleiche Aroma wie die domestizierte, allerdings in noch kräftigerer Ausführung, untermalt von einer leicht nussigen Note. Im gesamten Mittelmeerraum ist die Wilde Rauke eine beliebte Salatzutat. Sogar in den Vereinigten Staaten wird sie angebaut – dort unter dem Namen Sylvetta.

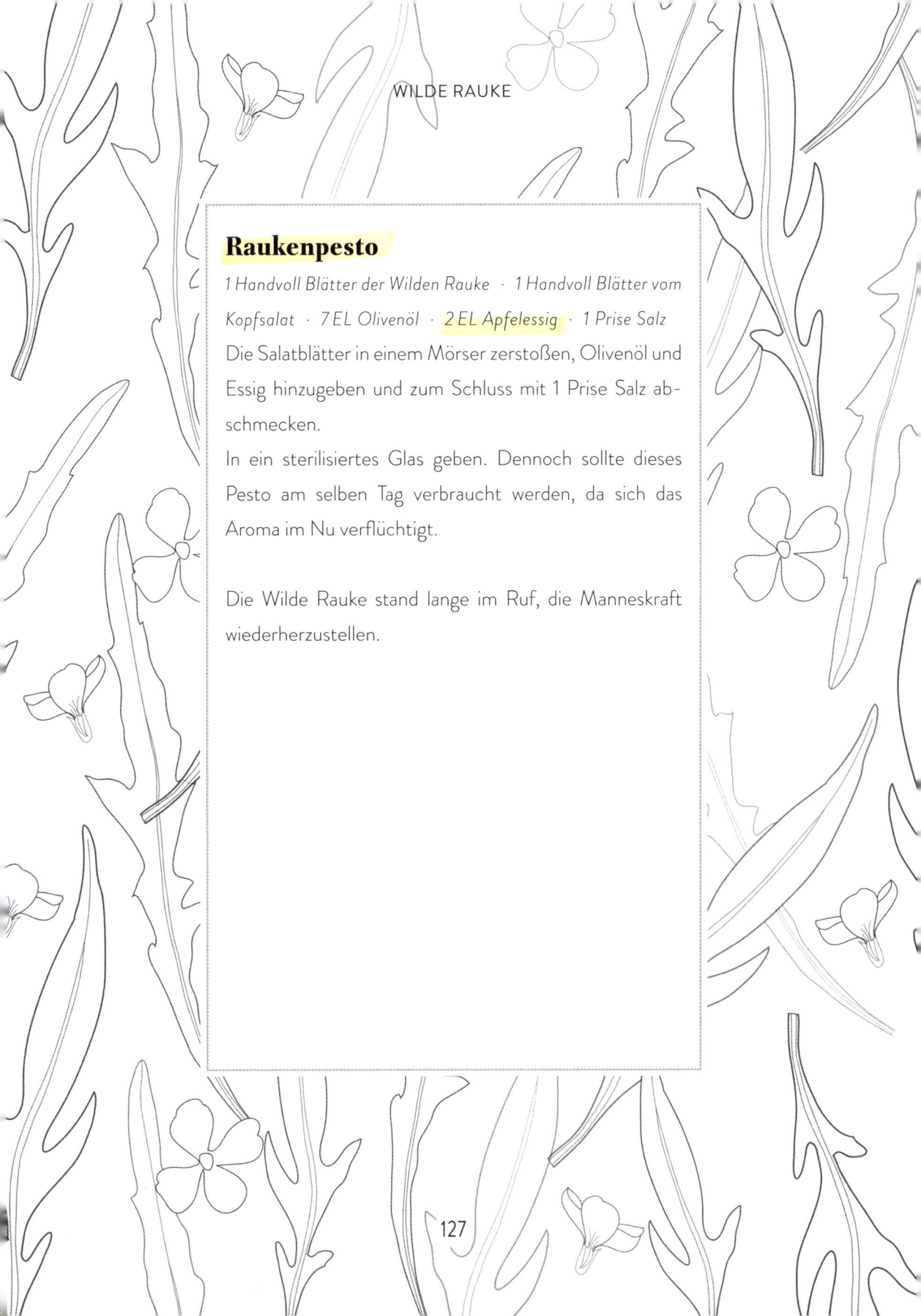

Raukenpesto

1 Handvoll Blätter der Wilden Rauke · 1 Handvoll Blätter vom Kopfsalat · 7 EL Olivenöl · 2 EL Apfelessig · 1 Prise Salz

Die Salatblätter in einem Mörser zerstoßen, Olivenöl und Essig hinzugeben und zum Schluss mit 1 Prise Salz abschmecken.

In ein sterilisiertes Glas geben. Dennoch sollte dieses Pesto am selben Tag verbraucht werden, da sich das Aroma im Nu verflüchtigt.

Die Wilde Rauke stand lange im Ruf, die Manneskraft wiederherzustellen.

Wiesen-Bocksbart

Tragopogon pratensis
KORBBLÜTENGEWÄCHSE
(ASTERACEAE)

Kalender

Erntezeit:
April–Juni

Blütezeit:
Mai–Juli

Vorkommen

Verbreitet an Wegrändern und auf Wiesen anzutreffen. Wächst in den Alpen bis in 2000 m Höhe.

Beschreibung

Zweijährige Pflanze von 30–120 cm Höhe; aufrechter, oft unverzweigter kahler Blütenstängel. Pfahlwurzel mit gelblicher Haut und süßem Milchsaft. Blatt linealisch; Grund- blätter schopfartig entspringend; wechselständige, halb stängel- umfassende Stängelblätter. Korb- blüten mit gelben Zungenblüten und 8 Hüllblättern, die die Zungenblüten nicht vollständig umschließen. Klei- ne Trockenfrüchte (Achänen) mit Flugschirmen.

Eigenschaften

Die Wurzel galt einst (heute nicht mehr) als appetitanregendes sowie auswurfförderndes und linderndes Mittel. Enthält Inulin, das sich als Präbiotikum positiv auf die Darm- flora auswirken kann.

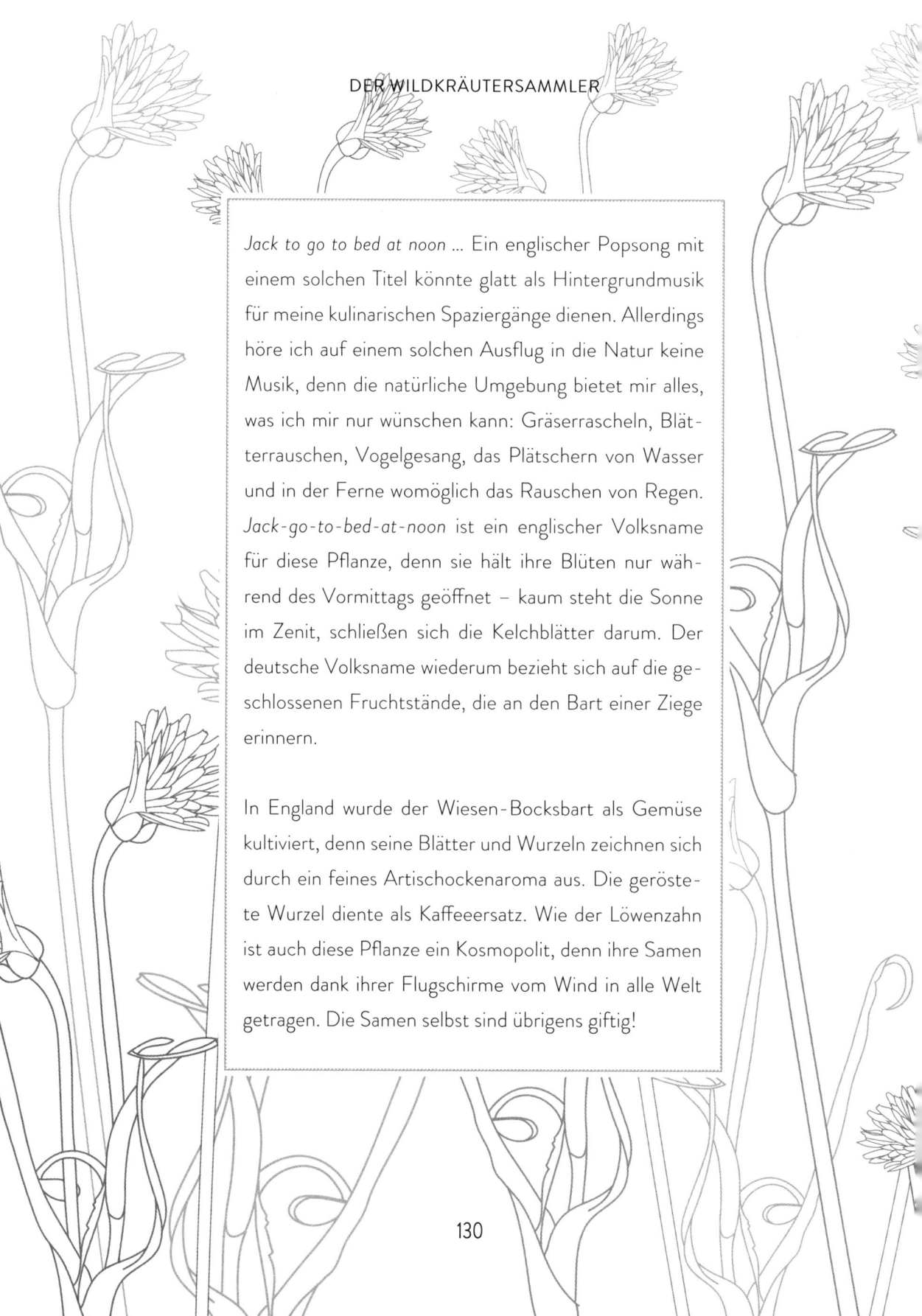

Jack to go to bed at noon ... Ein englischer Popsong mit einem solchen Titel könnte glatt als Hintergrundmusik für meine kulinarischen Spaziergänge dienen. Allerdings höre ich auf einem solchen Ausflug in die Natur keine Musik, denn die natürliche Umgebung bietet mir alles, was ich mir nur wünschen kann: Gräserrascheln, Blätterrauschen, Vogelgesang, das Plätschern von Wasser und in der Ferne womöglich das Rauschen von Regen. *Jack-go-to-bed-at-noon* ist ein englischer Volksname für diese Pflanze, denn sie hält ihre Blüten nur während des Vormittags geöffnet – kaum steht die Sonne im Zenit, schließen sich die Kelchblätter darum. Der deutsche Volksname wiederum bezieht sich auf die geschlossenen Fruchtstände, die an den Bart einer Ziege erinnern.

In England wurde der Wiesen-Bocksbart als Gemüse kultiviert, denn seine Blätter und Wurzeln zeichnen sich durch ein feines Artischockenaroma aus. Die geröstete Wurzel diente als Kaffeeersatz. Wie der Löwenzahn ist auch diese Pflanze ein Kosmopolit, denn ihre Samen werden dank ihrer Flugschirme vom Wind in alle Welt getragen. Die Samen selbst sind übrigens giftig!

Wiesen-Bocksbart-Salat

Blätter und Wurzeln vom Wiesen-Bocksbart · Olivenöl · 2 Frühlingszwiebeln · Kopfsalat · Salz

Bocksbartwurzeln in 1 cm große Stücke schneiden, mit den Frühlingszwiebeln und wenig Salz in Olivenöl so eben weich dünsten. Bocksbartblätter und Kopfsalatblätter in je gleicher Menge zu einem Salat mischen. Lieblingsvinaigrette zugeben und satt essen!

Achtung: Verwechslungen möglich mit der Schwarzwurzel, die allerdings ebenso genießbar ist.

Weg-Rauke

Sisymbrium officinale

KREUZBLÜTENGEWÄCHSE
(BRASSICACEAE)

Kalender

Erntezeit:
Juni–September

Blütezeit:
Mai–Oktober

Vorkommen

Verbreitet auf gestörten Flächen,
in Parks, an Wegrändern und auf
Wiesen mit möglichst nitratreichem
Boden im neutralen pH-Bereich.
In den Alpen bis zu einer Höhe von
1900 m zu finden.

Beschreibung

Einjährige Pflanze von 20–120 cm
Höhe mit steifem, oft stark ver-
zweigtem Blütenstängel. Untere
Blätter tief eingeschnitten, obe-
re Blätter lanzenförmig. Gelbe
Kreuzblüten mit 3–4 mm großen
Blütenblättern. Eng dem Stängel
angedrückte behaarte Schoten von
10–17 mm Länge.

Eigenschaften

Blätter und Blüten:
Auswurffördernd, entspannt die
glatte Muskulatur, wirkt krampflösend auf die Atemwege, hilft bei
Heiserkeit.

Schon in der Antike schätzte man die Weg-Rauke aufgrund ihrer wundheilenden und hautglättenden Wirkung – Eigenschaften, die heute gerade wieder entdeckt werden. Als »Sängerkraut« aber geriet sie nie in Vergessenheit; jahrhundertelang wurde sie von Kantoren und Kirchenchorsängern erfolgreich bei Kehlkopfentzündung und anderen Halsproblemen eingesetzt, wenn die häufigen Messen in ungeheizten Kirchen ihren Tribut forderten. Karl der Große ordnete in seiner Landgüterverordnung *Capitulare de villis* sogar den gezielten Anbau der Weg-Rauke an. Noch heute ist sie in Frankreich eine Zutat zum Halssirup »Sirop d'Erysimum«.

Mit welch einem Reichtum beschenkt uns doch die Natur, dass wir solche Kräutermengen direkt in Reichweite haben! Wie glücklich können wir uns schätzen, dass wir aus diesem Küchengarten nur zu ernten brauchen, ohne uns auch nur im Geringsten darum kümmern zu müssen.

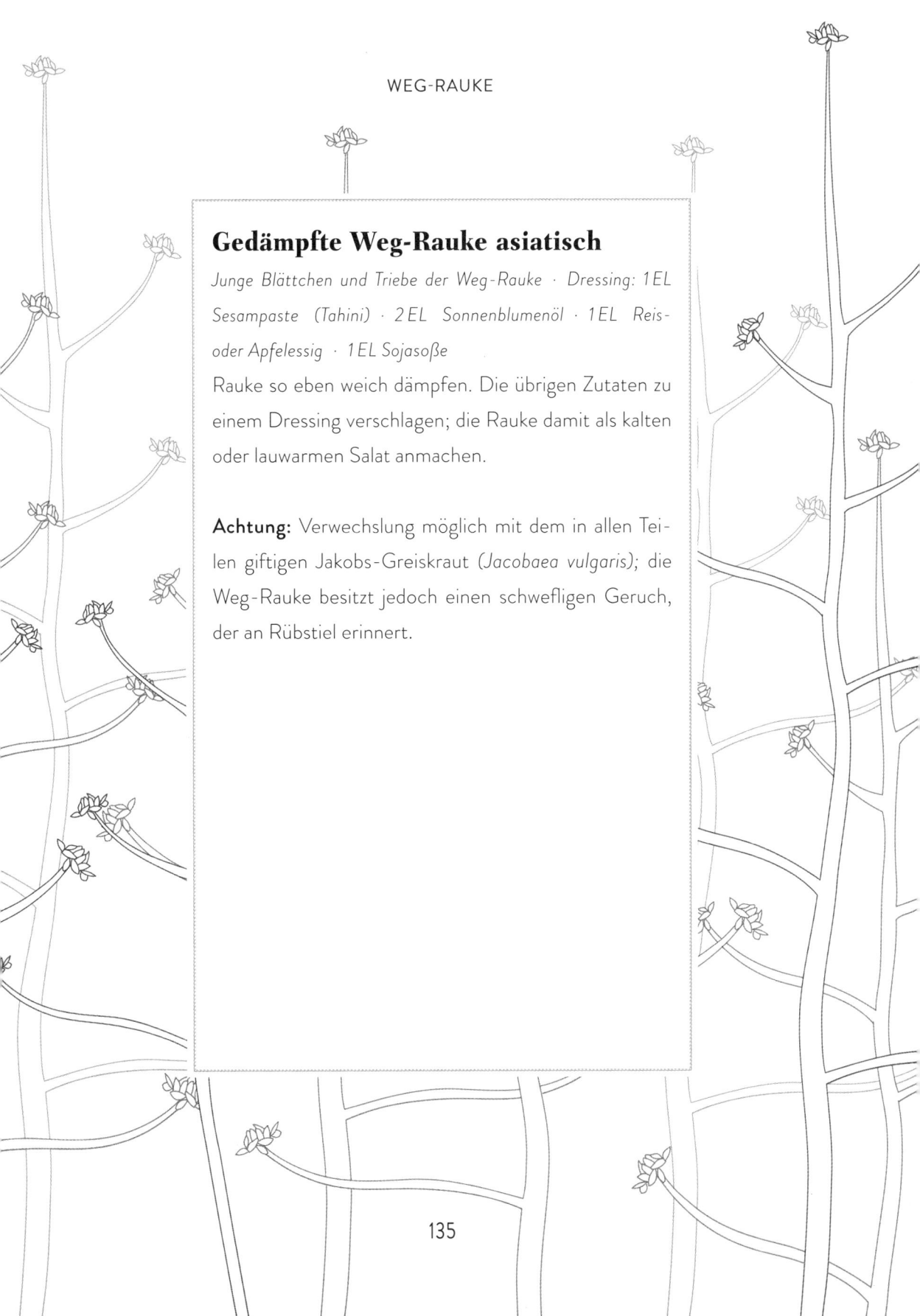

Gedämpfte Weg-Rauke asiatisch

Junge Blättchen und Triebe der Weg-Rauke · Dressing: 1 EL Sesampaste (Tahini) · 2 EL Sonnenblumenöl · 1 EL Reis- oder Apfelessig · 1 EL Sojasoße

Rauke so eben weich dämpfen. Die übrigen Zutaten zu einem Dressing verschlagen; die Rauke damit als kalten oder lauwarmen Salat anmachen.

Achtung: Verwechslung möglich mit dem in allen Teilen giftigen Jakobs-Greiskraut *(Jacobaea vulgaris)*; die Weg-Rauke besitzt jedoch einen schwefligen Geruch, der an Rübstiel erinnert.

Vogel-Sternmiere

Stellaria media

NELKENGEWÄCHSE (CARYOPHYLLACEAE)

Kalender

Erntezeit:
ganzjährig
Blütezeit:
beinahe ganzjährig

Vorkommen

Häufiges Vorkommen; anzutreffen
in Parks und Gärten, auf Wiesen
und am Wegrand sowie auf Böden
im mittleren pH-Bereich. Kann
im Hochgebirge bis 1800 m Höhe
wachsen.

Beschreibung

Niederliegend bis leicht aufstre-
bend wachsende, einjährige Pflanze
von 10–60 cm Höhe. Stängel rund
mit einreihig behaarten Stängelab-
schnitten. Kleine, ovale, gegenständige Blätter, kleine weiße Blüten mit
5 tief zweigeteilten Kronblättern.
2 mm große Kapselfrucht.

Eigenschaften

Ganze Pflanze: Auswurffördernd,
adstringierend, beruhigend.

Vögel wissen die kleinen Früchte dieser Sternmiere sehr zu schätzen, weshalb sie landläufig auch schlicht Vogelmiere genannt wird. Die sternförmige Blüte wiederum findet im botanischen Gattungsnamen *Stellaria* ebenso Ausdruck wie in den deutschen Volksnamen Sternmiere und Sternenkraut. Unsereins zieht die an Mineralien reichen Blätter dieser Pflanze vor, denen jede Bitterkeit fremd ist. In Japan stellt die Vogelmiere eine von mehreren Zutaten für das *nanakusa no sekku* dar, das traditionelle »Fest der Sieben Kräuter« am 7. Januar, das dem Menschen dabei helfen soll, gesund durchs neue Jahr zu gehen.

Übrigens: Dieses zarte Pflänzchen wächst überall dort, wo es Menschen gibt, und kann ohne Bedenken geerntet werden – um Ihre Versorgung mit diesem Wildkraut brauchen Sie sich selbst im Frühling keinerlei Gedanken zu machen!

Chlorophyll-Süppchen
mit Vogelmiere

4 Handvoll Vogelmiere · 2 Kartoffeln · 10 EL Olivenöl · 5 EL Sojasoße · 3 EL Apfelessig (oder Zitronensaft) · 750 ml Wasser

Kartoffeln in kleine Stücke schneiden. Vogelmiere und Kartoffeln im Wasser kochen, bis die Kartoffeln gar sind. Die übrigen Zutaten hinzufügen und alles glatt pürieren.

Lauwarm servieren, auf Wunsch mit Croûtons garnieren. Gern auch mit Käsebröckchen bestreuen.

Achtung: Auf keinen Fall mit dem in allen Teilen schwach giftigen Acker-Gauchheil (*Anagalis arvensis*) verwechseln, der jedoch an seinem vierkantigen Stängel zu erkennen und rot, bisweilen auch blau, blüht. Vor allem für Kleinvieh wie Kaninchen ist dieser gefährlich; bei Menschen kann der Kontakt mit den Blättern auch allergische Reaktionen auslösen.

Schwarzer Holunder

Sambucus nigra

MOSCHUSKRAUTGEWÄCHSE (ADOXACEAE)

Kalender

Erntezeit:
Juni/Juli (Blüten), September/
Oktober (Beeren)
Blütezeit:
Juni/Juli
Fruchtreife:
September/Oktober

Vorkommen

Wo immer ich bisher in Europa, Asien und
Sibirien unterwegs war, habe ich ihn bis auf
1600 m Höhe angetroffen, ob im Wald,
im Park, in Hecken oder in der Umgebung
von Höfen, Städten und Dörfern. Bevorzugt stickstoffreiche alkalische Böden.

Beschreibung

Großer Strauch oder kleiner Baum von
2–10 m Höhe; Zweige mit Korkporen
übersät und mit weißem Mark gefüllt.
Gegenständiges gefiedertes Laub mit
5–7 Fiederblättchen mit gesägtem
Rand. Weiße, zu großen Schirmrispen
zusammengefasste Blüten. Schwarz ausreifende Steinfrüchte (»Fliederbeeren«).

Eigenschaften

Blüten: Harntreibend, schweißtreibend,
auswurffördernd.
Früchte: Harntreibend, abführend,
schweißtreibend, reich an Antioxidantien.

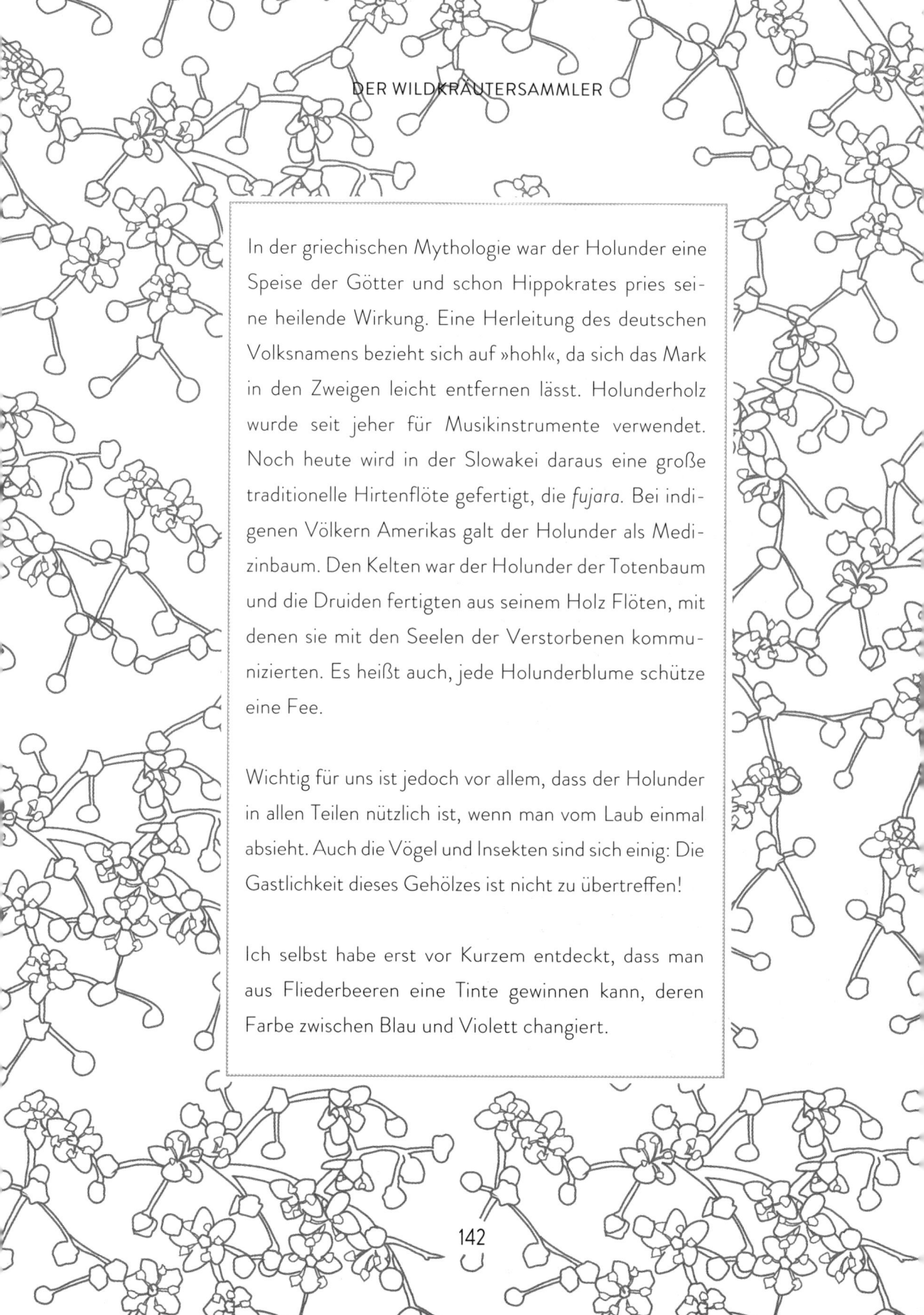

In der griechischen Mythologie war der Holunder eine Speise der Götter und schon Hippokrates pries seine heilende Wirkung. Eine Herleitung des deutschen Volksnamens bezieht sich auf »hohl«, da sich das Mark in den Zweigen leicht entfernen lässt. Holunderholz wurde seit jeher für Musikinstrumente verwendet. Noch heute wird in der Slowakei daraus eine große traditionelle Hirtenflöte gefertigt, die *fujara*. Bei indigenen Völkern Amerikas galt der Holunder als Medizinbaum. Den Kelten war der Holunder der Totenbaum und die Druiden fertigten aus seinem Holz Flöten, mit denen sie mit den Seelen der Verstorbenen kommunizierten. Es heißt auch, jede Holunderblume schütze eine Fee.

Wichtig für uns ist jedoch vor allem, dass der Holunder in allen Teilen nützlich ist, wenn man vom Laub einmal absieht. Auch die Vögel und Insekten sind sich einig: Die Gastlichkeit dieses Gehölzes ist nicht zu übertreffen!

Ich selbst habe erst vor Kurzem entdeckt, dass man aus Fliederbeeren eine Tinte gewinnen kann, deren Farbe zwischen Blau und Violett changiert.

Holunderblütensirup

12 Holunderblütenrispen · 1l Wasser · 1,7 kg Rohzucker · 1 unbehandelte Zitrone

Wasser aufkochen; die von den Blütenstielen befreiten Schirmrispen und die in Stücke geschnittene Zitrone hineingeben. 15 Minuten ziehen lassen. Abseihen. Zucker zugeben und 10 Minuten leicht köcheln. Heiß in sterilisierte Flaschen abfüllen. Nach dem Öffnen im Kühlschrank aufbewahren und bald verbrauchen. Der Geschmack erinnert zart an Vanille und Litschi. Dieser Sirup kann auch gegen Bronchitis verabreicht werden.

Lecker sind auch die in Teig ausgebackenen Holunderblüten.

Achtung: Das Laub und die Blütenstiele des Holunders enthalten Blausäure, so der Botaniker Paul-Victor Fournier. Nicht mit dem Attich oder Zwerg-Holunder (*Sambucus ebulus*) verwechseln, dessen Früchte giftig sind! Bei diesem fehlen verholzte Triebe, denn es handelt sich um eine Staude. Allerdings sollte der Verzehr roher Früchte des Schwarzen Holunders ebenso vermieden werden.

Linde

Tilia spp.
MALVENGEWÄCHSE
(MALVACEAE)

Kalender

Erntezeit: Juni (Blüten)
Blütezeit: Juni/Juli
Fruchtreife: September/Oktober

Vorkommen

In Mitteleuropa sind vor allem die Arten Sommer- und Winterlinde vertreten. Kommt wild eher zerstreut vor. Wächst bevorzugt dort, wo sie von Menschen gepflanzt wurde, etwa in Städten und Dörfern.

Beschreibung

Bis 30 m hoher Baum, der 1000 Jahre alt werden kann. Laubabwerfend. Herzförmige, wechselständige Blätter. Duftende gelblichweiße Blüten mit je 5 Kelch- und Kronblättern und zahlreichen Staubgefäßen, 2–5 zu einem verzweigten (zymösen) Blütenstand versammelt. Mit der Blütenstandsachse verwachsenes großes, längliches Hochblatt. Harte kugelige Schließfrucht.

Eigenschaften

Blüten: Beruhigend, schleimhaut- und hautberuhigend, krampflösend.
Blatt: Leicht abführend, schmerzstillend, entzündungshemmend.
Splintholz: Die Gallenproduktion fördernd, harntreibend, blutdrucksenkend, krampflösend.
Blütenknospen: Beruhigend, angstlösend, entwässernd.

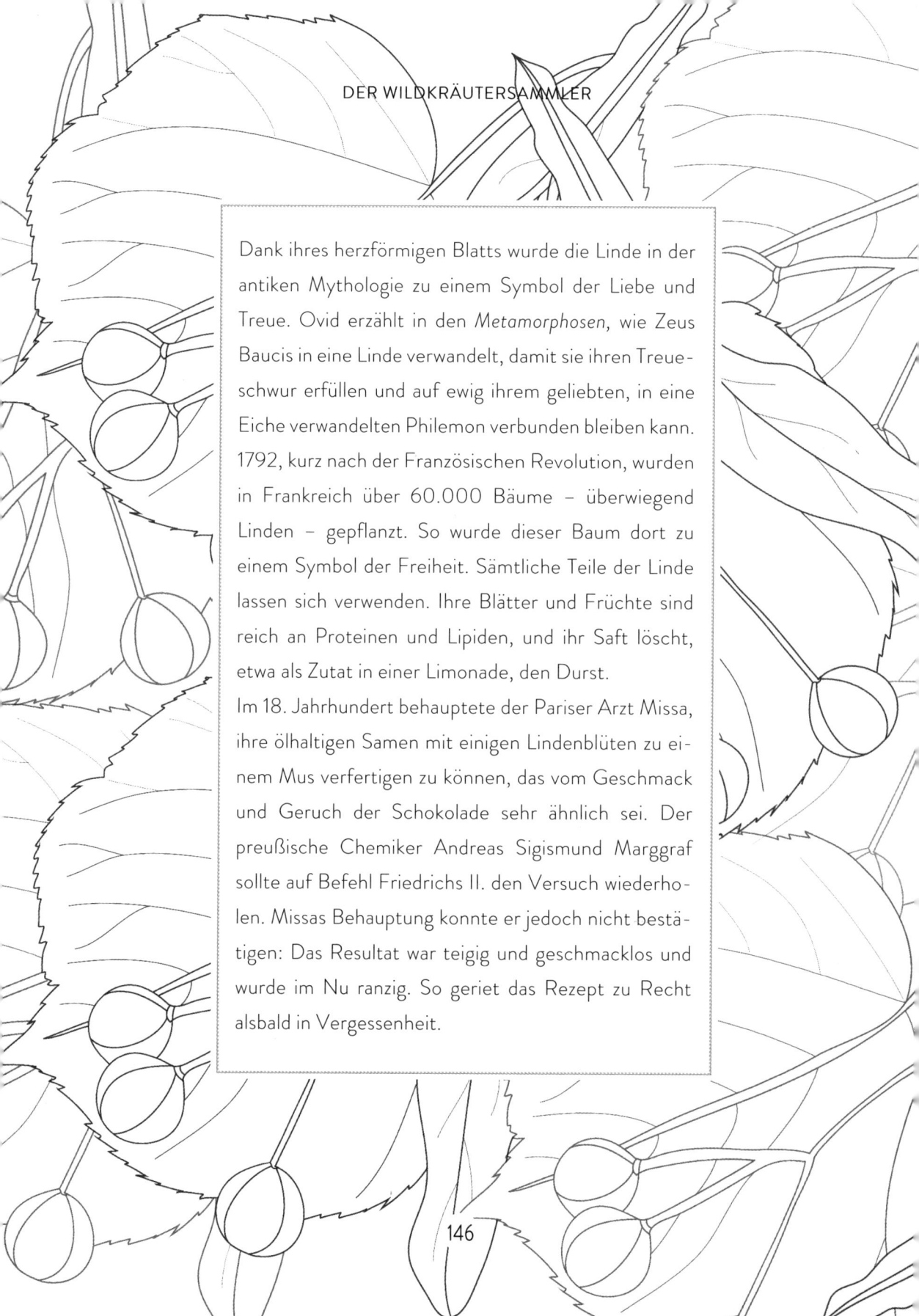

Dank ihres herzförmigen Blatts wurde die Linde in der antiken Mythologie zu einem Symbol der Liebe und Treue. Ovid erzählt in den *Metamorphosen*, wie Zeus Baucis in eine Linde verwandelt, damit sie ihren Treueschwur erfüllen und auf ewig ihrem geliebten, in eine Eiche verwandelten Philemon verbunden bleiben kann. 1792, kurz nach der Französischen Revolution, wurden in Frankreich über 60.000 Bäume – überwiegend Linden – gepflanzt. So wurde dieser Baum dort zu einem Symbol der Freiheit. Sämtliche Teile der Linde lassen sich verwenden. Ihre Blätter und Früchte sind reich an Proteinen und Lipiden, und ihr Saft löscht, etwa als Zutat in einer Limonade, den Durst.

Im 18. Jahrhundert behauptete der Pariser Arzt Missa, ihre ölhaltigen Samen mit einigen Lindenblüten zu einem Mus verfertigen zu können, das vom Geschmack und Geruch der Schokolade sehr ähnlich sei. Der preußische Chemiker Andreas Sigismund Marggraf sollte auf Befehl Friedrichs II. den Versuch wiederholen. Missas Behauptung konnte er jedoch nicht bestätigen: Das Resultat war teigig und geschmacklos und wurde im Nu ranzig. So geriet das Rezept zu Recht alsbald in Vergessenheit.

Lindenplätzchen

Je 70 g zermahlene Lindenblätter und Lindenblüten · 35 g zermahlene Lindensamen · 125 g Dinkelmehl · 60 g Rohzucker · 50 ml *Sesamöl* · 40 ml *Kokosöl* · 100 ml Wasser · 1 Prise Salz

Sämtliche Zutaten vermengen und zu einem festen Teig kneten. Mit einem Nudelholz etwa 5 mm dick ausrollen. Je nach gewünschter Plätzchenform mit einem Glas oder mit Ausstechformen Plätzchen ausstechen. Auf dem mit Backpapier ausgelegten Backblech bei 180 °C etwa 10 Minuten backen. Abkühlen lassen und knabbern.

Lindenblütentee

Im Juni aufgeblühte Lindenblüten sammeln, solange sich am Baum auch noch Blütenknospen befinden (so ist man sicher, dass die geöffneten Blüten noch frisch sind). Etwa 6 g Lindenblüten mit ½ l siedendem Wasser aufgießen.

Den beruhigenden, schlaffördernden Aufguss dreimal täglich zwischen den Mahlzeiten und abends einnehmen.

Rot-Klee

Trifolium pratense

SCHMETTERLINGSBLÜTENGEWÄCHSE (FABACEAE)

Kalender

Erntezeit:
Mai–September
Blütezeit:
April–Oktober

Vorkommen

Häufiges Vorkommen auf quasi sämtlichen Böden; auf Wiesen und Weiden,
in Wäldern und Parks sowie an Wegrändern anzutreffen. Wächst im Hochgebirge auf bis zu 2500 m Höhe.

Beschreibung

Mehrjährige mitunter behaarte Staude
von 20–60 cm Höhe. Blatt mit drei
glattrandigen ovalen Fiederblättchen. Zu
einem endständigen kugeligen Blütenstand versammelte purpurrote Blüten
mit wenig behaarter Kelchröhre. Die
kleine ovale Hülsenfrucht wird von der
welken Blüte verdeckt.

Eigenschaften

Blütenstand: Soll die Symptome der
Wechseljahre lindern, remineralisieren
und Hautreizungen lindern.

Gegenanzeigen

Abzuraten bei Schwangerschaft und während der Stillzeit sowie in Kombination mit
Blutverdünnern, bei hormonabhängigem
Krebsrisiko oder entsprechender Vorge-
schichte. Für Kinder nicht geeignet.

»Denk an mich«, sagt der Klee in der Blumensprache.

Als ausgezeichnete Futterpflanze wird Klee gern in der ökologischen Landwirtschaft genutzt; die Pflanze ist nicht nur trittfest, sondern fixiert zudem Stickstoff im Boden und erhöht dadurch seinen Nährstoffgehalt. Der Heilige Patrick, der Schutzheilige Irlands, soll anhand des Kleeblatts die Dreieinigkeit erklärt haben; die aus drei identischen Fiederblättchen zusammengesetzte Blattform ähnelt der Triskele, einem dreiteiligen keltischen Symbol.

Die Wahrscheinlichkeit, ein vierblättriges Kleeblatt zu entdecken, liegt übrigens bei eins zu zehntausend! Rot-Klee ist die Leibspeise des Kleespitzmäuschens, eines Käfers, dessen Larven sich von den Blütenkelchen und Stängeln ernähren. Unseren Salaten fügt er eine ganz neue, zarte Note hinzu. Vorsicht aber beim Milchvieh – jung ausgetriebener Klee sollte bei feuchter Witterung nur in Maßen beweidet werden, denn es gilt die Regel: Nasser Klee tut im Pansen weh!

Klee zählt zu den ersten Wildkräutern, die von Kindern probiert werden: Aus den Blüten lässt sich süßer Nektar saugen. Die Blätter, Stängel und Blüten des Rot-Klees schmecken gleichermaßen angenehm süß; man kann sie roh, milchsäurefermentiert oder auch gekocht verspeisen.

Rot-Klee-Tee

Etwa 4 g vom getrockneten Blütenstand mit 250 ml kochendem Wasser aufbrühen, 15 Minuten ziehen lassen. 2–3 Tassen täglich.

Dieser Tee lindert Husten; zwei- bis dreimal täglich äußerlich angewandt hilft er gegen Hautausschlag.

Glossar

A   **Achäne**: Trockene Schließfrucht mit einem einzigen Samen (z. B. Löwenzahn).

Adstringierend: Bewirkt ein Zusammenziehen der Schleimhäute und vermindert so die Absonderung von Flüssigkeiten.

Alkalischer Boden: Boden ab einem pH-Wert über 7, der in der Regel einen relativ hohen Kalkgehalt aufweist.

Antiarrhythmisch: Mit einer herzregulierenden Wirkung.

Antimikrobiell: Gegen Mikroorganismen gerichtet, hemmt das Wachstum von z. B. Bakterien.

Antimykotisch: Gegen Pilze wirkend.

Antioxidantien: Wirken im menschlichen Organismus dem sogenannten oxidativen Stress entgegen, also dem übermäßigen Vorkommen von Sauerstoffverbindungen, die mit dem Altern und verschiedenen Krankheiten in Verbindung gebracht werden.

Antiseptisch: Keimtötend.

B   **Basenreicher Boden**: Nährstoffreicher Boden, der Calcium, Kalium, Magnesium und Natrium enthält und einen pH-Wert von 7,1 bis 14 aufweist.

Beere: Fleischige Frucht, die in ihrem Inneren mehrere Samen enthält (z. B. Fliederbeere).

Blattachsel: Stelle zwischen Blattstiel und Sprossachse, an der Achselknospen hervorgehen können.

Blattspreite: Der breite Teil eines Blattes, Blattfläche.

Blütenstiel: Aus einem Zweig entspringende Achse, die einen Blütenstand oder eine Einzelblüte trägt (und in der Folge eine Frucht oder einen Fruchtstand).

D **Döldchen**: Kleine Dolde, aus der sich eine Doppeldolde zusammensetzt.

Dolde: Blütenstand, bei dem eine Anzahl etwa gleichlanger Blütenstiele am selben Punkt aus der Triebspitze entspringt, sodass der Blütenstand eine Schirmform hat. In der Familie der Doldengewächse (Apiaceae, z. B. Möhre, Bärenklau) handelt es sich generell um zusammengesetzte Dolden, sogenannte Doppeldolden.

Doppelachäne: Zweiteilige Spaltfrucht, typisch für die Familie der Doldengewächse (Apiaceae). Es handelt sich um eine trockene Schließfrucht, die von zwei Fruchtblättern (Karpellen) gebildet wird.

Doppelt gefiedert: Fiederblatt, dessen Fiederblättchen wiederum gefiedert sind.

E **Einhäusig**: Pflanzenart mit eingeschlechtlichen Blüten, wobei jedoch auf jeder Pflanze männliche und weibliche Blüten sitzen.

F **Fiederblättchen**: Teil der Blattspreite eines zusammengesetzten Blattes. Solche Fiederblättchen setzen nicht am Zweig, sondern an der Blattspindel an. In der Achsel der Fiederblättchen sitzen keine Knospen.

Fiederschnittig: Blattspreite, die zwischen den von der Mittelader abzweigenden Blattnerven tief eingeschnitten ist.

Fruchtbecher: Becherartiges Gebilde, das bei manchen Pflanzen die Frucht teilweise umgibt. Bei der Eiche formen zahlreiche verwachsene Hüllblätter den Fruchtbecher.

Fruchtblatt (Karpell): Eines der einzelnen, die Samenanlagen tragenden Teile, aus denen sich die weiblichen Organe der Blüte zusammensetzen.

Fruchtknoten (Ovar): Der die Samenanlagen tragende, meist verdickte untere Teil des Stempels oder eines Karpells.

G   **Gefiedert**: Blatt mit Fiederblättchen, die wie die Federäste einer Feder beiderseits der Mittelader (der Blattspindel) stehen. In Abgrenzung von »handförmig« verwendeter Terminus.

Gegenständig: Blattstellung, bei der sich je zwei Blätter an einem Knoten gegenüberstehen.

Gehölz: Zu den Gehölzen zählen Bäume, Sträucher und Halbsträucher.

Gekerbt: Blattrand mit abgerundeten Kerbzähnen, die durch spitze Einschnitte voneinander getrennt sind.

Gemmotherapie: Form der Pflanzenheilkunde, die ausschließlich junges, teilungsfähiges Pflanzengewebe verwendet, wie es in Knospen, jungen Sprossen und Wurzelspitzen enthalten ist, um mithilfe einer Lösung aus Wasser, Glyzerin und Alkohol Auszüge, sogenannte Gemmoextrakte, herzustellen.

Geöhrt: Blattform, bei der der Blattgrund an beiden Seiten mit kleinen Lappen versehen ist.

Grundblatt: Blatt in der Nähe des Bodens, das mit mehreren anderen Blättern eine Rosette bildet.

Grundständig: Blatt, das an der Sprossbasis und kurz über oder direkt an der Bodenoberflache entspringt.

H   **Harntreibend**: Steigert die Urinproduktion.

Hochblatt: Unterscheidet sich meist in der Form von den Laubblättern; steht direkt unterhalb einer Blüte oder eines Blütenstands.

Hüllchen (Involucellum): Bezeichnung für die Hülle der Döldchen (Dolden zweiter Ordnung), aus denen sich eine Doppeldolde zusammensetzt.

Hüllkelch (Involucrum): Kranz aus speziellen Hochblättern, die einen Blütenstand, seltener eine Einzelblüte an der Basis umgeben.

H Hülsenfrucht: Typische Frucht der Hülsenfrüchtler (*Fabaceae*) mit mehreren Samen, die von einem schotenähnlichen Fruchtblatt umschlossenen sind.

I Inulin: Stärkeähnliches Kohlenhydrat, von dem Pflanzen in ihren Speicherknollen einen Vorrat anlegen.

K Kaper: Als pikante Kochzutat verwendete eingelegte Blütenknospe des Echten Kapernstrauchs (*Capparis spinosa*).
Kapsel: Trockene Frucht aus mehreren miteinander verwachsenen Karpellen (Fruchtblättern).
Kätzchen, männliches: Biegsamer, oftmals hängender ährenförmiger Blütenstand, der sich aus zahlreichen männlichen Blüten zusammensetzt und an einen Katzenschwanz erinnert. Windbestäuber.
Kelch: Die aus den Kelchblättern gebildete äußere Hülle einer Blüte mit doppelter Blütenhülle.
Kelchblatt: Teil der Blütenhülle. Alle Kelchblätter gemeinsam bilden den Blütenkelch, der eine Schutzfunktion hat. Das häufig grüne Kelchblatt ähnelt einem Blatt.
Klausenfrucht: Spezielle Form der Zerfallfrucht, bei der die reifen Früchte in einsamige Teilfrüchte, die Klausen (Nüsschen), zerfallen.
Kreuzgegenständig: Blattstellung, bei der je zwei gegenständige Blattpaare um 90 Grad gegeneinander versetzt stehen.

L Lanzettlich: Blattform, bei der die Blätter etwa drei- bis viermal länger als breit und oben zugespitzt sind.
Linealisch: Blattform, bei der die Spreite mindestens 8 mal länger als breit ist und die Blattränder parallel verlaufen.

M Menstruationsfördernd: Fördert das Einsetzen der Regelblutung.

P Pfahlwurzel: Wurzelsystem, bei dem die Hauptwurzel besonders stark ausgeprägt ist, kaum Seitentriebe bildet und tief in den Boden hineinwächst.

Pfeilförmig: Blatt mit zwei nach hinten weisenden spitzen oder gerundeten Seitenlappen am Grund (z. B. beim Großen Sauerampfer).

Präbiotisch: Ein Nahrungsmittel, das die Vermehrung oder die Aktivität von gesundheitsfördernden Darmbakterien unterstützt.

Q Quirl: Zwei oder mehrere Blätter, die am selben Punkt aus der Achse entspringen.

R Remineralisierend: Stärkt die Knochen.

Rhizom: Wurzelstock, ausdauernde, meist unterirdisch wachsende Sprossachse; dient der Speicherung von Nährstoffen und der vegetativen Vermehrung.

Rispe: Kegelförmiger traubiger Blütenstand, der sich wiederum aus Trauben zusammensetzt.

S Sammelnussfrucht: Scheinfrüchte von Nüsschen (z. B. Erdbeeren oder Hagebutte).

Schaft: Langer, aufrechter, blattloser Stängel, der der Pflanzenbasis entspringt und eine Blüte oder einen Blütenstand trägt.

Scheinquirl: Ein zusammengesetzter Blütenstand, der durch reich verzweigte Seitenachsen und kurze Blütenstiele den Eindruck eines Blüten»quirls« erweckt.

Schirmrispe: Blütenstand, dessen Blütenstiele auf unterschiedlicher Höhe aus der Achse entspringen und auf mehr oder weniger einheitlicher Höhe enden, sodass die Blüte wie eine Dolde aussieht, ohne eine zu sein (z. B. Holunder).

S Schließfrucht: Frucht, die in geschlossenem Zustand von der Pflanze abfällt und sich auch bei der Reifung nicht öffnet.

Schote: Frucht mit zwei Klappen an einem Rahmen, zwischen dem sich meist eine (falsche) Scheidewand spannt, beiderseits derer die Samen sitzen. Die mehr oder weniger lange, sich bei Reife von der Spitze her öffnende Schote ist charakteristisch für die Familie der Kreuzblütengewächse (Brassicaceae, z. B. Wilde Rauke, Knoblauchsrauke).

Selbstbefruchtend: Eine solche Pflanze kann durch ihren eigenen Pollen bestäubt und befruchtet werden.

Spaltfrucht: Mehrblattfrucht, die bei der Reife in einsamige Teilfrüchtchen zerfällt, die einzelnen Fruchtblättern entsprechen (z. B. Ahorn).

Splintholz: Das junge, physiologisch aktive Holz im Stamm eines Baumes. Seine Kapillaren leiten u. a. Wasser und Nährsalze in die Baumkrone.

Stängelumfassend: Ungestieltes Blatt, dessen Spreite mit dem Blattgrund den Stängel umschließt. Ähnlich: halbstängelumfassend.

Staubblatt: Männliches, Pollen erzeugendes Blütenorgan, aus Staubfaden und Staubbeutel bestehend.

Staude: Pflanze, die mehr als nur ein oder zwei Jahre lebt. Staudig wachsende Pflanzen überdauern die Jahreszeit, die ihre oberirdischen Pflanzenteile nicht überstehen können, durch unterirdische Organe. In unseren Breitengraden ist dies normalerweise der Winter: Die Pflanze stirbt im Herbst oberirdisch ab (»zieht ein«), um bei klimatisch günstigen Verhältnissen – meist im Frühjahr – wieder auszutreiben.

Steinfrucht: Meist einsamige Frucht mit einem von einer fleischigen Hülle umgebenen, holzig umschlossenen Samenkern.

Sukkulente: Pflanze mit fleischigem Gewebe, das über eine ausgeprägte Wasserspeicherkapazität verfügt.

T   **Toniger Boden**: Schwerer, oft nasser Boden, der aus feinsten mineralischen Bestandteilen besteht. Kann viel Wasser aufnehmen, das allerdings den Pflanzen nur zu einem geringen Teil zur Verfügung steht.

Tonisch: Stärkend, die Spannkraft hebend.

U   **Ungestielt**: Kein sichtbarer Blattstiel vorhanden.

V   **Valve**: Eines der inneren Blütenhüllblätter, die die Sauerampferfrucht einhüllen.

W   **Wechselständig**: Blattstellung, bei der sich an jedem Knoten nur ein Blatt befindet. Die Ausrichtung der Blätter ist in einem für die Pflanzenart charakteristischen Winkel verschoben.

Z   **Zungenblüte**: Bei den Korbblütengewächsen auftretende Einzelblüte, deren Kronblätter zu einem einzigen Zungenblatt verwachsen sind.

Zweihäusig: Pflanzenart mit eingeschlechtlichen Blüten, wobei die männlichen und die weiblichen Blüten auf unterschiedlichen Pflanzen sitzen.

Zymöser Blütenstand (Zyme): Blütenstand mit einer Endblüte, die stets zuerst aufblüht, unter der am obersten Knoten oder den dicht gedrängten oberen Knoten eine oder mehrere Seitenachsen entspringen, welche die Hauptachse übergipfeln und sich in gleicher Weise verzweigen.

Bibliografie

Botanisch

BEISSER, Rudi: *Unsere essbaren Wildpflanzen. Bestimmen, sammeln und zubereiten,* Kosmos, Stuttgart 2014.

BONNIER, Gaston und LAYENS, Georges de: *Flore complète portative de la France, de la Suisse et de la Belgique,* Belin, Paris 1986.

DUCERF, Gérard: *L'Encyclopédie des plantes bio-indicatrices alimentaires et médicinales,* Bd. I bis III, Promonature, Briant 2005, 2008 und 2013.

DUCERF, Gérard und Moutsie: *Récolter les jeunes pousses des plantes sauvages comestibles,* Éditions de Terran, Aspet 2015.

EGGENBERG, Stefan und MÖHL, Adrian: *Flora vegetativa,* Rossilis, Bussigny 2013.

JAUZEIN, Phillippe und NAWROT, Olivier: *Flore de l'Île-de-France,* Bd. I und II, Éditions Quae, Versailles 2011 und 2013.

LIEUTAGHI, Pierre: *Le Livre des arbres, arbustes et arbrisseaux,* Arles, Actes Sud, 2004.

REILLE, Maurice: *Dictionnaire visuel de botanique,* Ulmer, Paris 2014.

SCHAUER, Thomas: *Der große BLV Pflanzenführer,* BLV, München 2004 (9. Aufl.)

SPOHN, Margot: *Was blüht denn da?,* Kosmos, Stuttgart 2015.

TISON, Jean-Marc und FOUCAULT, Bruno de, Société botanique de France: *Flora Gallica, Flore de France,* Biotope Éditions, Mèze 2014.

WITTMANN, Katrin: *Kräuter, 70 Küchenkräuter von A–Z,* GU, München 2013.

Essbarkeit, medizinische Eigenschaften und Geschichte

ANGLADE, Christophe et al.: *Plantes comestibles, cueillette et recettes des 4 saisons,* Éditions Debaisieux, 2013.

BERTRAND, Bernard: *Das Herbarium der Heil- und Giftpflanzen*, Haupt, Bern, 2015.

BRINKER, Francis: *Herbal contraindications and drug interactions*, Ecletic Medical Publications, Sandy (OR) 2010.

CAZIN, François-Joseph: *Traité pratique et raisonné des plantes médicinales indigènes*, Éditions de l'Envol, Mane 1997.

COUPLAN, François: *Le Régal végétal, reconnaître et cuisiner les plantes comestibles*, Sang de la Terre, Paris 2015.

COUPLAN, François: *Cuisine sauvage*, Sang de la Terre, Paris 2010.

DUBRAY, Michel: *Guide des contre-indications des principales plantes médicinales*, Lucien Souny, Saint-Paul 2010.

FISCHER, Ludwig: Brennesseln: *Ein Porträt*, Matthes & Seitz Berlin, Berlin, 2017.

FLEURENTIN, Jacques: *Du bon usage des plantes qui soignent*, Rennes, Éditions Ouest-France, 2013.

FOURNIER, Paul-Victor: *Dictionnaire des plantes médicinales et vénéneuses de France*, Omnibus, Paris 2010.

LIEUTAGHI, Pierre: *Le Livre des bonnes herbes*, Actes Sud, Arles 1996.

LUU, Claudine: *250 remèdes naturels à faire soi-même*, Terre vivante, Mens 2016.

Internetseiten

www.kraeuter-buch.de

www.kraeuter-verzeichnis.de

www.heilkraeuter.de

www.kraeuterparadies.bayern/lexikon.html

www.spektrum.de/lexikon/
  arzneipflanzen-drogen/

www.passeportsanté.net

www.tela-botanica.org

www.photoflora.free.fr

www.unkraeuter.info/

www.wikipedia.org

www.wikiphyto.org